城镇环境与景观

韩伟强　著

中国建筑工业出版社

图书在版编目（CIP）数据

城镇环境与景观/韩伟强著. —北京：中国建筑工业出版社，2010
ISBN 978-7-112-11717-8

Ⅰ.城… Ⅱ.韩… Ⅲ.城镇－城市环境－城市建设－研究 Ⅳ.X21

中国版本图书馆CIP数据核字（2010）第000310号

近年来，城镇环境建设与改造越来越引起人们的重视，随着改革开放的不断推进，人民生活水平的不断提高，城镇建设的日益进步，以人为本、可持续发展的优秀城镇环境不但是我们从业人员追求的目标，也是广大人民群众迫切需要的，为实现这一目标，也为给我们的子孙后代创造一个良好的环境基础，本书从规划、建筑、景观、绿化、生态、历史、文化等诸方面结合国内外城镇建设最新优秀实例和本人负责及参与的一些工程实例和方案进行分析研究。

本书图文并茂，可供从事建筑、规划、绿化、景观和室内外环境的专业人员以及对城镇景观与环境感兴趣的人们参考。

责任编辑：韦　然　黄珏倩
责任设计：郑秋菊
责任校对：兰曼利　王雪竹

城镇环境与景观
韩伟强　著
*
中国建筑工业出版社出版、发行（北京西郊百万庄）
各地新华书店、建筑书店经销
北京图文天地制版印刷有限公司制版
北京顺诚彩色印刷有限公司印刷
*
开本：889×1194毫米　1/16开　印张：8　字数：250千字
2010年1月第一版　2010年10月第二次印刷
定价：58.00元
ISBN 978-7-112-11717-8
（18960）

目 录

第1章　城市建筑环境与景观

1.1　城市居住小区环境与景观

1.1.1　居住建筑中心场所环境

居住建筑小区内不同的住宅排列，组合成不同的中心和空间场所。每个小区的地形、地貌以及周围环境的不同，小区中心场所的设计也不同。在北方地区，小区居住建筑呈周边式布置较多，中心场所显得较为封闭、安静且不受外界干扰，特别适合老年人和儿童居住，但这种中心场所要有一定的宽度和深度，要有利于建筑通风、采光。在我国南方地区，周边式布置较少，多数采用不封闭、自然、多变、通透的中心场所，视野比较开阔，通风较好，中心场所显得较为开放，有时往往会感觉没有安全感。居住小区中心场所是一个小区居民休闲、娱乐、游玩的室外人居环境场所，因此除了场所空间以外，还要结合场所的地形、地貌和环境、气候等设计场所环境。场所设计要以人为本，符合人们的生理、心理的各种需要。

1.1.2 居住小区建筑小品环境

居住小区的建筑小品范围很宽，一切应服务于以人为本。使人舒适的楼、台、亭、阁、桥、花台等都可称建筑小品，或小品建筑，或环境小品。它的设计除了要符合空间环境特色以外，更要注意小品的使用对象，如北方人与南方人，在人的尺度和性格上的差别；老年人较多的小区内，廊及绿化相对要多些，以便老年人能经常在室外活动；儿童较多的小区，可考虑在小区内建造各种游戏活动场所。另外，还要注意小品的材料和颜色，小品的造型可适当夸大，色彩可以鲜艳明亮。文艺界人士较多的小区，小品则多考虑它的艺术性，抽象和具象可根据不同的环境来确定。小品多采用当地的地方材料，如有的地方竹子较多，小品可多用竹制小品，竹廊、竹亭等都可以；有的地方石材较多，那就可多些石亭、石凳、石桌等。总之，建筑小品设计一定要适合环境、适合市民的需求。

1.1.3 居住小区建筑风格与特色

每个居住小区的建筑都应有自己的风格特色，根据不同的对象，不同的年龄，不同的传统与文化进行设计。一般来讲，居住小区的建筑风格及特色与办公建筑、商业建筑都应不同，居住建筑应亲切、安静。风格与情趣最好能与当地传统的民居有一定的联系，吸取当地传统居住建筑的经验和优点，反映出当地居民的生活习惯。像北京地区的传统四合院空间关系，平易近人有邻里感，建筑风格与北京皇城非常相融。上海传统里弄建筑呈现了海派风格，建筑风格吸取世界各地装饰特色，里弄空间也有相当的邻里感。在当今大力发展房地产，提高人民居住水平的过程中，南方与北方、西部与东部，居住建筑绝对不应只有一种或几种风格。世界的，传统的，只要对人民生活、工作、学习、精神需要的都要加以研究、开拓，创造出既有时代个性又有传统风格的居住建筑。

1.1.4 居住小区绿化环境

小区居住环境好与坏，很大程度地反映在绿化环境上。绿化环境的设计不仅是给人看的，更重要的是给人用的，因此良好的生态环境是人类生存的基本需要，也是社会可持续发展的需要。绿化的基本好处就是吸收二氧化碳，吐出新鲜氧气，净化空气，夏天能遮阳、降温，冬天能防风、防沙。合理地配置树木与草皮，还能调节局部气候，改善城市环境。另外，小区内有良好的绿化布置，还能吸引大自然中许多鸟类栖息，增加自然情趣，使小区的居民经常处在大自然的怀抱之中。通常小区绿化要达到良好生态效果，最根本的就是小区绿地面积要能达到40%以上，同时绿地面积内草皮与树木要有一定的比例。大量的草皮与少量的树木，对改善空气质量相对不是最好，而较多的树木及一定比例

图1　澳大利亚墨尔本居住建筑——庭园绿化在阳光下显得生动、活泼、自然

图2　澳大利亚墨尔本居住区道路转角绿化——层次丰富，趣味盎然

图3　澳大利亚墨尔本住宅——庭园入口朴素大方

的草皮则比较理想。小区的乔木、灌木、常绿树与落叶树，大树与小树要合理搭配，河流与水面要有机联系，这样空气流通才能有所改善。绿化的环境设计不但要满足人们的功能需求，如早晨锻炼、吸收新鲜空气等，还要能满足人们精神享受，体现出一定的诗情画意，使居住在这里的人们得到美好的感受。

1.2 城市公共建筑环境与景观

1.2.1 公共建筑室内外环境

建筑是城市的细胞，每一幢建筑室内外环境的好与坏，都直接关系到居住、工作在这个城市中的人们的生活质量。单体建筑室内环境并不应该是孤立的，应与建筑的室内外环境形成一个整体。特别是在天气比较炎热的地区，室内外环境的沟通与联系更为重要，这样可使居住在室内的人们，同样能感受到室外自然环境的亲切。通常隔离室内外空间的实墙采用大面积玻璃，使得内外景观相互借鉴，或在建筑的局部做成半室内半室外的大空间，通过空间的延伸、渗透使室内外空间形成一个整体。还可通过灵活调整空间，隔断围墙、镂窗等，使室内外空间取得联系。室内环境处理与室外环境处理相同，在色彩、形状、材料、质感、环境意境上都有一个统一的品位。如古典建筑和室内古典装修风格，最好与室外的古典园林相结合，而现代室内装修风格的建筑，最好与现代园林风格相结合。

1.2.2 公共单体建筑的外部环境

单体建筑的室外环境或外部环境，与城市总体环境密切相关。入口广场、庭园以及单体建筑的局部环境，设计时要把它当作是单体建筑的一部分，同时又是城市环境的一部分。单体建筑外部环境除了同室内环境有一定的联系外，更多的考虑是建筑的造型，建筑外立面风格与色彩以及周边建筑与环境的协调性。外部环境设计重点可放在地形、地貌的处理，绿化和建筑小品的处理，材料和色彩的处理上。好的单体建筑外部环境，能显示出单体建筑的个性与特色，使人赏心悦目。然而办公建筑的周边要有一定面积场所供人休息，应提供足够室外休闲活动场地和人们沟通交谈的场所。大型广场和旅馆，周边要有足够的停车场和休闲广场。总之，外部环境的设计和创造要体现以人为本的设计理念，满足单体建筑使用的要求，同时又与城市环境相协调。

1.2.3 公共新老建筑之间的关系

优秀的传统建筑、老建筑是城市环境中一个不可多得的珍品，人类的发展必须再吸取优秀传统的文化和建筑涵养。城市中优秀的传统建筑既可以反映城市过去的历史，又可以结合当今经济发展，开发旅游，增强城市活力。上海外滩建筑是欧洲古典建筑风格的经典作品，上海市政府很好地保护了它的城市建筑轮廓线和外立面风格，使得上海外滩成为上海最好的建筑风景区之一。而黄浦江对面的陆家嘴，则是浦东开发的一个窗口，这里的新建筑拔地而起，错落有致，让浦东面貌一新，代表了21世纪上海的未来。黄浦江浦西的外滩传统古典建筑，和浦东陆家嘴新建筑群相对

图4 澳大利亚墨尔本住宅——住宅入口绿化簇拥，幽静自然

图5 澳大利亚悉尼海边建筑——室内外环境融为一体，满足人们求新探奇的心理，为城市环境增添了新的景观

图6 澳大利亚墨尔本郊外旅游接待中心——建筑与周围空旷的沙地、桥梁、道路有机结合，处处体现自然、和谐的设计理念

而立，新与旧相融在黄浦江两岸。一般来说，在历史文化名城或在传统优秀建筑周围建造新建筑，一定要与老建筑在风格、造型上有所协调，新建筑要有地方性和时代性，而地方性往往受到当地的地理、气候、文化和风俗习惯等制约和影响，因此新旧建筑之间在建筑立面的呼应、局部装饰的运用、色彩的搭配上都要考虑相互联系。

1.2.4 高层建筑环境

当今一些重要城市，高层建筑越来越多，而长期在高层建筑内工作生活的人，由于高层建筑比较封闭，自然通风条件不好，室内空气污染浓度增高，因而引起了一些疾病问题，如经常在高密度的高层建筑群附近生活的人，常常感觉紧张、压抑，因此高层建筑的室内外环境的设计显得非常重要。在高层建筑室内外环境中，自然通风、新鲜空气、自然阳光和绿色植物是一幢现代化高层建筑不可缺少的，而在高层建筑的室外环境设计中，入口广场与四周的道路、人流、车流的关系也是很重要的。高层建筑的阴影在总体规划设计中是应该考虑的，最好安排在一些附属建筑或次要建筑物上，高层建筑外墙如果大面积采用玻璃幕墙时，一定要考虑反射和折射带来的光污染。另外，高层建筑庞大的形状往往会和传统历史建筑相矛盾，这就要求我们在设计高层建筑的时候多加注意当地城市环境与历史，特别是高层建筑顶部和高层建筑基座要加以适当处理。

高层建筑室内外环境要与自然密切结合。通风、采光、绿化、水池、假山等都应得到综合利用，室内外环境可

图7 浙江杭州西湖景观——住宅入口绿化簇拥，幽静自然

图8 杭州西湖岸边——群山、道路、建筑、树木在秋色中融为一体

图9 澳大利亚墨尔本市中心——在夕阳的照射下呈现出五彩缤纷的景色

图10 澳大利亚悉尼海边休闲场所

图11 法国尼斯海滨休闲场所

图12 法国巴黎塞纳河边休闲场所——安静、迷人、浪漫

以互相渗透，在风景优美的山区，高层与山地密切结合，利用山地坚硬的岩石作为高层建筑的天然地基。在辽阔的海边，高层建筑也可与海洋有机结合，利用海水形成天然水池或天然瀑布，还可以把高层建筑的局部设在水面以下，作为观察海洋动物的水晶宫。随着科学技术的日益发展，高层建筑还可以与道路、桥梁紧密结合，如在高层建筑中建造地下汽车库、电影院、仓库等，火车、汽车可在高层建筑中行驶，飞机可在高层建筑的屋顶降落。

1.3 城市道路及广场环境

1.3.1 滨水区环境

近年来滨水区的开发和利用，成为我国城市建设中的一个亮点。其实早在古代，我国的许多城镇都是临水而建，人类生活居住离不开水，合理、有效地利用水资源，特别是在滨水地区开发旅游、休闲、娱乐、居住及拓宽空间、保护河流绿化生态都有着非常良好的前景。

在滨水地区规划设计要注意滨水区与城市的相关联系，不能错误地把它分割成某一个单独的地区来考虑，要尽可能多地吸引人来滨水区居住、旅游、观光、娱乐。通常滨水地区是城市景观较美的地区，因此要让市民都来共享这地区的美景。另外，滨水区的开发一定要与防洪等设施结合起来，滨江、滨湖、滨河、滨海地区都有台风、波浪及水面污染问题，规划设计中要加以考虑。滨水地区是一个整体，在规划设计过程中要统一规划，结合当地城市气候和环境，突出地方风格与特色，创造亲水环境。

我国东部沿海地区，特别是江南地区的大多数城市都临江、临海、临河而建。合理有效、有序地开发滨水地区，不但对改善城市生态环境有良好的促进作用，同时对于丰富城市景观、改善城市环境、带动经济发展、提高城市综合竞争力和可持续发展都有非常积极的意义。

1.3.2 高架道路环境

在大城市里由于地面交通拥挤，于是地下交通、空中交通相拥而生，但快速发展的高架道路，有时候往往破坏了城市景观。特别是在一些名胜古迹较多的历史文化名城，大量建造的高架道路遮挡了城市空间视线，打破了城市建筑立面的连续性，使得城市环境极不协调，所以有的高架道路建成几年或十几年后，就成为城市中的混凝土垃圾。地面上的高架道路，在规划设计时应该结合地形、地貌和城市背景与传统文化加以考虑，同时高架道路与环境绿化也应有机结合。在高架道路两侧种植高大的乔木，结合承重柱子布置竖向绿化，如爬山虎、常青藤等。高架道路栏板两侧可种植常青藤之类容易生长的草木，使得高架道路看上去不像一条生硬的钢筋混凝土“长龙”，而是一条生动的绿色长廊。

1.3.3 广场环境

城市广场是城市中最重要的公共活动场所之一，也是市民经常集会、庆典、示威活动的地方。一般按广场的性质和用途可分为以下几种。

行政广场，是市民政治集会的地方，重大的庆典活动和政治示威在此举行。广场一般规模较大，如北京天安门广场。行政广场的环境气氛比较雄伟开阔，往往体现出一个国家首都城市的特点。

宗教广场，是市民举行宗教活动的场所。多数广场与著名的教堂结合在一起，如巴黎圣母院、米兰大教堂门前都有一定的广场空间。而罗马梵蒂冈圣彼得教堂前面的由柱廊围合的椭圆形广场，其规模之大可供上万人在此聚听教皇布道。一般从宗教广场都可以看到教堂的全貌，使人在广场上感受到教堂建筑的神圣、伟大从而产生对上帝的崇敬之情。在中国，大的庙宇前面也都有一定的空地，方便人们进行宗教活动。

商业广场，是方便市民购物、休闲而设的活动场所。在现代社会中，商业广场的作用越来越受到人们的重视，一般大型商场或较大的商务大楼前面都配有相当规模的商业广场。广场的环境与气氛更多地是与经济活动相结合，有的商业广场到了节假日就成了一个大卖场。

文化广场，相对来说规模要小，周边建筑不宜太高，使广场环境亲切宜人，具有浓厚的文化气息，是文人墨客和旅游人士经常光顾的地方，如巴黎蓬皮杜文化中心广场和蓬皮杜艺术中心结合在一起。

纪念性广场，一般与纪念性建筑雕塑在一起，往往是为了纪念某个人、某件事而设的场所。其规模一般不是太大，但广场一般有较强的个性和纪念气氛。

交通广场，主要是方便人们进出各种车站、码头和换乘各种形式交通工具的场所。广场中一般设有各种明确的指示牌和交通线路图，同时又设有一定面积的休息场地。

近年来交通工具发展越来越多，地铁、轻轨、高速公路的大量涌现，大大提高了人们的工作效率也方便了人们的生活。多层次立体交通广场不久将要出现在广场设计中，除了空间以外，广场的绿化、小品、灯光和色彩以及铺地材料的质感都要加以仔细考虑。

1.3.4 道路环境

城市道路是城市中担负交通的主要设施，是人和车辆往来的专用地，城市道路空间是城市基本空间的重要构成要素之一，道路空间与城市景观有着密切的关系。要创造高效安全的城市道路环境，就必须在城市规划中加强对城市道路环境研究，城市道路除了满足交通运输基本功能之外，人的步行道行走系统也非常重要。在道路环境中，城市道路的线路与形状、快与慢、地上与地下都要结合不同的环境加以合理地解决。常用的城市道路有高速干道，一般在高速行驶的车上往往看到的是城市建筑大致轮廓，或主要标志性的高大建筑，而在一般步行街或人行道上行走，往往能看到城市建筑的基本面貌与风格，甚至可以看清建筑细部装饰、橱窗布置、广告色彩和路边的绿化及小品等。在不同功能道路上乘车或行走，人们的心态往往也不一样，在高速干道上，人们多数想的是尽快地到达目的地，而在步行街行走的人们，多数则是抱着宽松的心情去购物、休闲、旅游。因而在城市道路环境设计时，快速道路多注意它的整体空间和基本面貌，而在一些慢速道或步行街中，更多考虑的是它的细部造型与质感，以及环境小品的形象和色彩。

图13 上海延安中路立交高架下的景观，犹如一座开放的公园

图14 法国巴黎市郊新城德方斯建筑与桥梁、道路密切结合

建筑、道路、广场、绿地、人流、车流有时可能综合地集中在一

图15 上海浦东大道上的流线型电话亭，造型生动，与周边现代化高层建筑相协调

图16 日本京都银阁寺，木构建筑与室外人工沙滩有机结合，寓意深刻

起，在规划设计过程中要综合分析。道路交叉口、大型立交、车辆换乘枢纽中心等都是城市道路中的节点，这些节点的合理功能、优美环境、新鲜空气将给整个城市面貌带来不同影响。

1.4 轨道交通建筑环境与景观

1.4.1 轨道交通车站功能与设施

地铁车站必须满足人们快速进出地铁以及安全舒适地等候和短暂的休息。一些规模较大的地铁车站因进出人流较多，可安排临时的吃、喝、玩、购等休闲一条龙服务，使地下空间更加丰富多彩，同时也可使地铁的商业价值得到充分的发挥。如日本京都地铁车站大厅、多功能休息大厅环境优美、舒适，地铁车站出入口多数采用自动电梯与楼梯并用的方法，这样可以使得乘客较为轻松地进出地铁车站，但也有少数地铁、地铁车站采用自然过渡方法，用坡道连接地铁车站的市内外地下空间，如法国巴黎地铁车站入口，周边地形与车站室内空间自然过渡，地铁车站大多设在地下，地下采光和通风多数采用人工机械通风和照明，空间质量和照明环境都有一定的缺陷，因此在设计和规划地铁车站和地下空间时，要根据车站人流以及地形、地貌特点，采用人工照明和自然采光，机械通风和自然通风相结合的方式，争取做到尽量多的自然通风和自然采光。如澳大利亚悉尼奥林匹克公园地铁车站。

轻轨是穿梭于地面之上，凌空架起的一种轨道交通，由于相对于地铁来说投资较小，线路灵活，设施轻便，因此近年来大受城市居民的欢迎。轻轨车站多数宜建造在人流较多的城市闹市区，或利用原有铁路干线，如上海轻轨三号线就是一例，在原有市中心老的铁路线上架起轻轨支撑结构，在人流较多的居民新村或车辆转换地设置轻轨车站，这样可以解决城市居民上下班高峰时大量人流拥挤问题。对改善城市交通拥挤，特别是在城市热闹地区起到了举足轻重的作用。由于旅客进出时间较短，轻轨车站的规模一般不宜太大，但可以结合一些书报亭、面包房、礼品店等常用的服务性商店，方便为旅客服务。此外，还可考虑与码头、机场、火车站、广场等结合，使得旅客更加方便。

1.4.2 地铁车站的装饰与环境

地铁车站的装饰应根据每个国家、民族的习惯，地区的风格与环境来设定装饰的内容。装饰应以实用为主，充分考虑安全和艺术享受以及适当的广告效应。地铁车站还应根据不同的地形、地貌、特色及方位来进行装饰，如上海静安寺地铁车站在施工时发现附近地下埋有许多文物，便在设计建造地铁车站时，把这些文物和地铁车站大厅的装修很好地结合起来，使人一走进车站大厅就能感受到静安古寺的历史文脉。再如法国巴黎地下车站大厅空间高大，富有浪漫的艺术气氛。而奥地利地铁车站装饰简洁的艺术造型与流线型的地铁列车相呼应。莫斯科地铁车站的古典传统风格别具一格。另外地铁车站的装饰还可以根据车站结构的特点来装饰车站风格，如钢筋混凝土结构的地铁车站，其构造相对比较厚实，装饰多采用大理石、面砖，与混凝土相协调，而钢结构屋顶地铁车站，其屋顶比较轻巧，采用玻璃、不锈钢装饰，如悉尼奥林匹克公园中央车站等。又如上海浦东磁悬浮列车车站，其外部结构造型呈流线型，美观新颖。

1.4.3 轨道交通信息技术与人性化的服务设施

无线通信系统和高速宽带数据传输技术在轨道交通中是一项快速、安全、关键的技术，而舒适愉悦则是现代人们在交通运行中的基本要求。轨道交通无线通信系统的核心是集群通信，它为参与轨道交通列车运营的调度指挥、站场作业、列车驾驶、设备维护等人员提供相互之间的通信联络。一趟地铁或轻轨列车的开行要经过复杂的调度指挥才能实现，其中调度人员和其他工作人员之间的通信联络是一个关键：调度人员发出的调度命令经控制中心传送到集群基站，再由基站的无线信道发射机将信息发送到车站中继器，放大送入全线铺设的漏泄同轴电缆辐射出去，让列车司机、车站值班员、设备维护人员等相关人员通过各自的电台接收来自调度员的命令信息：而列车司机、车站值班员、设备维护人员发出的信息通过电台由漏泄同轴电缆接收后经过中继器，再传送到集群基站，经过无线交换机及控制中心的传递送达到调度员。

早期的无线集群通信系统是模拟制式，它只能提供语音信息。近十几年来，一种数字式无线集群通信系统出世，它的每个载频可以同时传送4路信号，还能够传输数据、图像等多媒体信息，能使调度员在控制室屏幕上看到列车车次、列车位置、线路状态、车站客流等情况，设备维护人员通过监控屏幕或手持终端可以掌控列车设施、车站设备、线路信号等运行状态，机车司机则可以借助显示装置了解前方信号、下一停靠站进路等状况。2004年8月，新加坡地铁全面实现无线通信系统“无缝”升级就是一个典范，乘客可以体验到更为便捷的换乘衔接，也能及时获得诸如列车误点、停开等准确信息。

我国从20世纪90年代开始从国外引进无线集群通信系统，诸如北京、上海等国内早期建成的地铁系统大部分都是采用模拟制式的无线集群通信系统。从2005年起国内轨道交通无线集群通信系统都开始由模拟制式转向数字制式。如今，国外先进的轨道交通已将高速宽带数据传输技术与列车自动控制系统、智能信号系统、运行管理中心及乘客信息系统综合集成在一起，完成列车启动、运行、刹车、停站等一系列精确控制，从而实现自动化无人驾驶。例如，在高峰时段每间隔一二分钟便开行一趟列车，靠站时能毫厘不差地对准屏蔽门，车门能正确无误地开启和关闭等等，这一切都离不开功能强大的光传输、无线网络、GPS、高速计算机等尖端技术。在列车上为乘客提供诸多人性化服务的信息装置也是高新技术的杰作，例如，上海的地铁、轻轨列车中设置在车厢两端的液晶显示屏，能随列车运行而不断滚动，乘客无须听广播就能知道下一个停靠站：安装在车门两旁的指示灯能告诉乘客停站时究竟开启哪一边的车门等。在地铁和轻轨上还设有先进的环境监控系统，通过在车站、线路、控制室等处的传感器、数据传输线、智能分析系统，对轨道交通整个环境的通风、排气、空气质量、湿度、温度进行监控，为乘客提供一个健康的乘车环境。防灾报警系统通过设置在地面和列车上的感知器、摄像监视器、自动影像分析仪等装置进行全方位实时监控，并将数据和图像信息传送到监控中心进行分析处理，一旦发生火灾、有害气体泄露、线路障碍、犯罪事件等紧急状况，便能得到及时制止和处理。各级管理人员可以通过中央信息控制系统进行协调，方便地调度日间高峰和夜间低谷时段列车发车的频率，而乘客不仅可以享受到昼夜无障碍的服务，而且还可以获得便捷、舒适、安全的旅行享受。另外，快速的轨道交通在列车和站台的设施上要处处体现以人为本的原则，使人们始终处在一个和谐的环境之中。

1.5 城市绿化环境与景观

1.5.1 道路、人行道绿化

城市道路与人行道绿化是城市中用量最大，范围最广的城市绿化，它的好坏直接影响城市环境的景观。道路绿化，宽、窄、前后、左右、高低错落、树种搭配等，是形成城市道路景观的重要因素。近年来，上海城市街道两边的破墙透绿运动已经成为改造城市空间环境的有效方法之一。改革开放以前，我国是一个较为封闭的社会，街道两边多数单位采用封闭围墙，把单位与社会分隔开来，城市街道往往形成单一狭长的条形空间环境。破墙透绿工程采用通透围墙后，城市街道景观得到了很大的改观。街道两边的绿化不但要考虑它的树种和形状，同时还要考虑它的颜色和气味。高速道路边上的绿化要注意它的整体线形效果。滨江道路边上的绿化，不能布置高大的树木以防遮挡人们的景观视线，而应布置灌木和较为矮小的经典树种。

图17 德国汉堡城市街头儿童玩耍的地方，溪水长流，乐趣无穷

1.5.2 城市绿带

城市绿带或绿色走廊在城市环境中有着很大净化空气的作用，因此经

常在城市工业区和生活区之间设城市绿带进行分隔。一定宽度的绿化带，可以明显地减弱或阻挡噪声，一般可减弱5～8分贝。

城市绿带在城市美观方面也有着相当的作用，常用的城市绿带布置形式有以下几种：环状绿带、条状绿带。绿带内种植以高大乔木为主，适当配置灌木和草皮。在北方地区绿带内可用的乔木有松柏、白果松、雪松、油松、云杉、樟树等。落叶乔木有银杏、樟树、刺槐、合欢、毛白杨、龙叶杨、垂柳、悬铃木等。常用落叶灌木及绿篱有丁香、玫瑰、榆叶梅、紫藤、凌霄、侧柏等。城市绿带的宽度一般少则几十米，多则几百米，其作用是调节气候、净化空气、阻隔噪声、美化城市。上海外环线城市绿带就有100m宽，这对改善上海城市环境，提高城市空气质量有很好的作用。日本古城奈良市道路中间绿化也很好地体现了这一作用。

1.5.3 城市中心绿地

城市中心绿地就像人体身上的肺一样，能使城市空气新鲜、环境优美。在城市中，拥有大片的城市中心绿地是很难的。上海浦东新区开发规划了一大片中心绿地——世纪公园，大面积环境绿化不但改善了浦东新区的空气质量，也是平时或节假日人们休闲、游玩的一个好场所。

城市中心绿地有两种形式：一种是开敞式的，市民可以随时进去活动；另一种是封闭式的，需要买票才能进去活动。随着改革开放不断深入，开敞式中心绿地将越来越多，如上海市中心的延中绿地，自建成以来，受到上海市民的普遍欢迎，特别是附近居民更是欢天喜地，从此，健身、锻炼、休息、散步均有好去处。良好的城市中心绿地环境规划也带动了周围的房价，对整个经济建设都起到了良好的促进作用。中心绿地的规划设计要体现以人为本的规划理念，树种的搭配、草地的大小、水面的位置、步行道系统、环境小品（如休息亭、路灯、垃圾箱）都要精心设计。铺地的材料和质感与环境色彩既要统一，又要体现个性，整个绿地不能千篇一律，要有特点。

1.5.4 建筑墙面与屋顶绿化

随着城市的开发与发展，城市生态环境越来越受到人们的重视，而改善人类居住环境，开拓城市绿化空间，建造园林城市，已成为21世纪许多城市发展的方向。在建筑物的外墙或屋顶上种植树木和花草，可改变局部建筑环境气氛和形状，使整个城市环境更加富有生气。特别是在一些比较拥挤的大中型城市，由于地面、墙面、屋面中大量使用混凝土，使得城市热岛效应更加突出，因此在建筑物的屋顶（平屋顶）、阳台、窗台、女儿墙以及山墙面上进行绿化种植，不但可以变化建筑物局部形状，同时也将进一步使城市绿化向空中发展。

其实远在古代，世界七大奇迹之一的巴比伦空中花园，就是一个大型屋顶花园。而如今21世纪科学技术不断发展，许多新技术可以在实际中加以运用，如屋顶花园中高大的乔木可以安置在建筑物承重柱所在的位置上，乔灌木通常可选择根系树种，以适应屋顶常用的浅薄土壤。屋顶花园不但能满足人们的使用要求，同时在大城市密集形建筑群中，它又可以给附近其他更高的建筑提供一种借景。当然在空中花园设计和布置中，建筑外墙面上也可以种植爬山虎、常青藤之类的藤木植物，使我们的建筑外墙更加丰富多彩，还可在建筑物的阳台、窗台、女儿墙等处种植花草，使我们的城市更加美丽。

1.6 城市环境改造与更新

1.6.1 城市居住区环境改造与更新

每个城市的建筑有它自己的历史和特点，尤其是在一些具有明显风格特色的城市，改造与更新更为重要。我国的许多历史文化名城，近年来都进入了城市改造与更新时期，像上海这样的大城市，传统的石库门建筑就是一个例子，在大规模的城市改造和更新中，一些优秀的石库门建筑是推倒重建还是仔细研究，加以保护、开发和改造，是一直在讨论的问题。由于历史原因，在上海中西结合创造出了安详、紧凑、和谐的具有地方特色的居住建筑——石库门，随着时代的变迁，如今的石库门房子的卫生间、厨房、停车场等诸多方面已不能满足人们的生活需要。对重点石库门建筑进行保护和改造，每家每户都能有单独的卫生间和厨房，自行车和小汽车能有停放的空间场所，增加绿化空间和人们休闲娱乐场所是一项紧迫的工作。传统风貌的保护要有一定的规模，否则就无法形成气氛和环境，因此一个街区或几个街区整体改造与更新后的效果更好。另外，在城市的快速发展中，大量新的高架道路与轻轨对城市景观将有一定的影响，特别是高架、轻轨两边的居住区平屋顶老建筑成为上海城市景观的一大障碍。“平改坡”工程就是把平屋顶建筑改建成坡屋顶建筑，结合保温、隔热、通风，既为居民改善了生活、居住条件，又使建筑更加美观，使得城市空间更加丰富多彩。

1.6.2 传统公共建筑环境改造与更新

传统公共建筑改造与更新应与经济建设相结合，重视社会效益和历史文化的保留，如上海南京路商业步行街的改造，保留了20世纪30、40年代传统建筑风貌，局部更新、扩展，使它适应现代商业、休闲的需求。改造成的南京路已成为人们购物、旅游、游玩、观光的良好场所。而上海的淮海路解放前是法租界，幽静、高雅是它的特色，改造后的淮海路以高档商业为主，基本上保留了历史上的商业环境与风貌，如今许多高级商业百货大楼林立在淮海路两边成为全市国际知名品牌汇集的商业中心。再如上海外滩建筑群，一直以来是上海城市重要轮廓线之一，保护好外滩建筑也就是保护好上海的近代史，如今的外滩建筑又恢复了往日集金融、贸易为中心的重要地位，随着浦东开发的大力推进，浦西外滩、浦东陆家嘴遥相呼应，将使上海国际金融中心的地位更加突出。

1.6.3 城市基础设施改造与更新

城市基础设施改造与更新要与整个城市建设及改造同步，特别是对城市重要公共建筑群附近的环境以及城市重要的街道、广场、河岸、桥梁进行改造时，更要结合城市风貌并与经济发展相协调。上海南京路商业步行街的改造，使得传统商业气氛浓烈；浦东陆家嘴世纪大道则结合周围新建高层建筑群，以宽敞、超前为主；上海西藏路苏州河上的老桥进行了加宽、加长的改造，使得整个桥梁在满足现代交通要求的同时又保留了原来桥梁钢筋混凝土的基本面貌；20世纪80年代的苏州河曾经是著名的臭水浜，通过几年的污水处理、综合整治，河水慢慢变清，结合苏州河两岸城市建筑和绿化环境的整治和改造，如今的苏州河已逐步成为上海市区的景观长廊，人与水、人与自然更加亲密。

1.7 城市空间环境的发展与趋势

1.7.1 城市空间环境的灵活性和多样性

由于历史原因，一定时期的城市规模，空间形态反映一定时期的经济、文化和科学技术。20世纪以来，科学技术高度发展，城市快速发展，城市作为国家政治、经济、文化科学技术的中心已越来越显示其重大作用，而城市空间原来封闭的单中心形态已不能适应当今政治、经济、文化的发展，随着城市人口大量增加，交通工具不断改进，时间就是金钱，效率就是生命已成为当今城市生活的准则之一。城市与城市，城市与农村，城市与国际间的交往日益频繁，城市中的交通工具不仅仅有汽车、火车、

图18 意大利佛罗伦萨西班牙广场建筑——建筑、台阶、纪念碑组合成雄伟、丰富的广场空间

图19 意大利佛罗伦萨市中心街景——古老的石块，精致的门窗，考究的铸铁灯饰

飞机等，大型斜拉桥、轻轨、地铁甚至磁悬浮列车也将随着城市的建设而建设，随着城市的发展而发展。原来城市空间与外部空间交往只有一个或几个出入口，城市空间以某个广场为中心的单一空间环境正在逐步向开放的多中心发展。当前，在一个大城市中往往还建有科技城、文化城、古代旅游城，各个城中城之间需要有快速的交通工具联系，因此，城市空间应该是开敞的、灵活的、多渠道的，城市中心也应该是多种多样的。城市从静止封闭的单中心空间环境到灵活开放的多中心空间环境是城市发展的必然，只有这样才能满足当代人的城市生活要求。

城市空间发展单从拓宽几条马路，增加几部车辆已不可能解决城市高度的经济发展所带来的城市交通往来，城市空间应从地下、地上、空中同时发展。目前，我国大城市建筑密度已相当高，但城市地下空间或“空中空间”却利用不多。我们要改变城市交通、住房拥挤情况，可把大量城市公共建筑如：商店、电影院、车库、仓库等设在地下，铁路、公路也可设在地下，同时也可在地面上建造高架立交，在空中开辟空中客车，以解决城市交通运输问题。现代城市空间不单单是高低错落的建筑空间组合，空中气球可作为流动景观观察站与高架公路、铁路、地下空间共同组成一个主体交错的城市空间。城市空间形态将大大丰富起来。

1.7.2 城市空间的生理性和心理性

城市空间环境应首先满足人们的生理要求，如住宅与住宅之间的距离要保征足够的日照，道路的宽度要保证各种车辆安全行驶，道路与住宅之间要有绿化空间作为道路与住宅之间的过渡空间。仅仅这些还远远不够，城市空间安全性、私密性、共享性、奇异性将成为高质量城市空间环境所追求的目标。安全性可从城市空间的动与静之分来认识。能够行驶交通工具的空间可称为动的空间。其噪声大，对人类的安全可能带来危险性较大，如处理不当将直接危害人们的日常生活。同时又会使人们产生紧张的心理状态，从而使人们感到没有安全感。反之，静的空间一般指人们对休息、娱乐、工作学习和生活的空间，它要求相对稳定、安全的环境，不能有噪声。私密性空间一般满足人们个人私密的要求，这种空间不希望其他空间中的人们能看清其中人的活动内容。共享性空间则是为了满足人们交谈、嬉闹、娱乐，人与人聚集在一起而产生的愉快和信任。奇特性空间是激发人们激情和想象力的一个动力，一个高度发展具有强

图20 保持完整的山西平遥古城墙，体现了中国封建社会的社会关系

图21 陕西西安市大雁塔，古老、雄伟、厚重的塔楼，体现了中国唐朝建筑的大气浑厚的风格

大生命力的城市需要不断出现新的奇特性空间，这种奇特性往往来源于政治、经济、文化、科学、艺术的综合。

孤立简单地考虑一幢建筑物及内外空间环境已不能形成良好的城市空间环境，每一幢建筑物的室内外空间环境不但要有个性，而且还需要同该地区的邻近建筑空间相协调，现代城市空间环境往往取决于一组建筑或一个区域的空间环境。如日本的阳光城建造以后对附近地区的空间环境带来极大的影响，又如上海徐家汇地区大量商业建筑建造为市区西南角城市空间带来繁荣昌盛的商业环境，再如，北京的亚运村，以及悉尼的奥运村都创造了城市新的空间环境。另外，旧城改造中的局部地区保护与改建将对城市历史文化延续起到积极保护作用。

1.7.3 城市空间的艺术性和连续性

现代城市空间艺术是多层次的，它不仅要满足本城市人们的各种艺术享受，同时作为开放城市又要满足其他地区、其他国家人们对艺术的享受。对传统性、地方性的城市建筑空间环境要进行一定的保护、保留。如上海外滩建筑空间环境属西洋式，上海老城隍庙建筑空间环境属中国式，另外作为时代先进技术与艺术相结合的建筑空间，如上海体育馆附近以当代新建筑、新风格为主的空间环境则给人以一种时代感。这种空间环境不受传统历史文化的束缚，而偏重新技术、新空间的探讨。又如正在开发的上海浦东地区将要成为第二个上海市区，而该地区的城市空间是在一张白纸上描绘，必定是多种风格、多种空间形态，必定是最新、最美的。随着城市空间的扩大，城市交往的增多，各种文化思想相互影响，艺术的多元化，新旧文化的对比，空间的多元性也将进一步发展并为未来城市空间打下良好的基础。

一个较好的具有生命力的城市空间环境必然要在原有城市基础上进行改造和发展，强调城市空间的连续性主要是指对原有城市空间中的自然环境如山丘、河流、湖泊等加以保留与利用，使城市免受人为破坏。自然空间中的曲线是人们自身丰富想象和自然艺术生存的依据，破坏自然空间中的自然曲线最终将导致城市的机械性并给城市带来毁灭性的打击。城市文化传统空间连续性主要指传统文化、宗教、商业、娱乐等活动的空间形成在当代城市中要有一定的连续性，从传统的四合院搬进高层建筑中去必然有一个不适应过程，家庭的居住空间组合发生了变化，人与人的交往也随之发生变化。空间环境的连续性是要创造一个尺度宜人，新旧协调的空间环境，使其自然地形成连续，包扩文化传统的连续，生活方式的连续，建筑空间的连续，凡这些连续都将为明天城市人们的思想带来潜移默化的影响。

展望城市空间环境的发展趋势，在我们今天的城市规划、城市设计、城市改造中有目的、有方向地去创造一个良好的城市环境是造就人类幸福的一个重要方面。

城市空间环境作为评价城市质量的一个标准，在新建城市的建设中要牢牢掌握，在旧城改造中更要灵活运用。当然，所有这些都要考虑到我国城市人口众多和城市财政薄弱的特点，积极但是量力而为。

1.8 城市建筑总体环境与景观

1.8.1 城市意象

城市意象是指人们在城市里看到的由许多东西混合而成的那种想象。通常这种混合想象大致由以下几方面所组成。高层建筑多的城市与高层建筑不多的城市往往给人的意象不一样。古老建筑的城市和快速发展的新城也会给人以不同的想象。道路是人们经常活动的场所，城市主要道路网络带给人一种方向感，道路与路边建筑距离又构成城市空间的大小尺度。标志是城市意想中醒目的形象，其大可到电视塔，小可到街景、喷泉、雕塑甚至广告牌。标志的造型、色彩往往给人以醒目的形象，在城市意象中会给人们留下美好的印象。对以上几方面，我们都必须加以认真研究。在城市规划中，城市总体布局及规划构思设想，将对城市意象产生基本的框架，而城市文化、城市环境设计又将对城市意象产生难忘的印象。

1.8.2 城市轮廓线

每个城市都有自己的城市轮廓线，有的模糊，有的清晰，有的高低起伏，有的平淡无奇。上海外滩建筑的轮廓线一直是上海市建筑的风景线，它标志着上海近现代社会的缩影。香港在20世纪50年代，高层建筑就如雨后春笋，生气盎然，如今高层建筑更是遍地开花，但是它最有特色的乃是维多利亚港海边的高层建筑群。法国巴黎既是一个古老的城市，又是一个发展较快的新城，在它的老城中，除了埃菲尔铁塔在塞纳河边上拔地而起，其他地方基本上没有什么高层建筑，因此老城的轮廓线是古老而优美的；在巴黎近郊的德方斯建造了一座新城，巨大高耸、多变，象征着新城生气勃勃，蒸蒸日上，新城的轮廓线是多变、起伏的。通常在城市的轮廓线中，多少都能找到反映这个城市的经济和文化发展的因素。

1.8.3 城市风格和意境

每座城市都有它的历史和地理，然而有的城市杂乱无章，没有风格，没有特色。在当今快速发展的城市建设中，如果对城市建设总体环境没有把握，在规划建筑设计或城市改造中没有注意当地的气候、地理、地貌和自然环境，那么就没有了风格和意境。城市风格的形成与每座城市功能定位都有关系，国际性的大都市、商业金融贸易中心城市、旅游休闲城市、政治文化中心城市、历史文化名城等等，都应该根据自己的特点准确定位。具有风格的城市往往注意城市建筑的形式表现，而具有意境的城市，不但有一定的形式风格，更看重城市建筑的色彩和建筑材料的质感表现。如意大利古城罗马，石头建筑的城市，土黄色的外墙，橘红色的屋顶，地中海温暖的气候，一片安详宁静而又温暖的意境。中国云南丽江古城，则是另外一种画面，朱红色的木构建筑，在雪山的衬托下更富于诗情画意和生命力，呈现出另一种意境。

1.8.4 城市文化和历史

城市文化是城市持续发展的动力之一，城市人们满足了基本生活需要之后，城市的精神生活就显得越来越重要，历史文化的发展和延续，是当今许多城市发展过程中往往忽视的一个问题。随着我国城市建设的高速发展，许多有价值的历史、文化、古迹在城市建设和改造的大浪潮中被破坏，但是过了若干年后，人们才清醒地认识到，我们不但丢掉了历史文化遗产，更丢掉了城市可持续发展的动力。特别是具有历史文化价值的古城，城市的历史文化更是该城市的宝贵财富。只有充分地认清历史，我们才能不断地发展和保持它的特有的文化价值。山西平遥古城是我国北方地区古城中保护最好的城市之一，整个古城墙完整地被保留下来，古城中的大多数明、清时期的建筑均被较好地保留至今，如今的古城依旧能较好地反映出当时古代城市的环境风貌。作为海派城市上海，近年来对历史文化建筑也越来越重视，改造好的新天地突出了上海石库门建筑的历史文化，它的平易近人的里弄环境，受到了国内外许多专家的肯定，同时也深受广大市民和旅游者的喜欢，如今成了上海城市中一道不可多得的亮丽风景线。

第2章　村镇建筑环境与景观

2.1 村镇与自然环境

2.1.1 村镇选址

中国古代村镇选址非常重视风水，实际上是注意观察地形、地貌与环境，顺应自然并且有效地利用和改造自然，以达到天时、地利、人和、至善至美的境界。古代许多环境优美的村镇，如安徽黟县宏村的选址，早在八九百年前就有村镇整体规划及环境保护的思想，宏村村址的选定，背高岗面流水一望无际，依山傍水而聚，村后青山为屏障，可挡北面来风，地势高爽，无山洪暴发冲击之危，有仰观山色俯听泉水之乐，水、气、声、色都在村镇选址考虑范围之内。又如江苏名镇周庄，四面环水，犹如漂浮在水上的一朵睡莲，南北市河、后巷河、油车涤河、中市河形成“井”字形，因河成街，傍水筑屋，古代周庄没有公路，出门就是河，水路运输对发展周庄的经济起到了相当大的作用。再如浙江温州永嘉县内的楠溪江，以江美、溪多、峰奇、洞幽、树多为特色，早期的许多古村落选址定在楠溪江两岸，多数选在楠溪江中游最肥沃的盆地，有利于村民耕作生息。如今进入了21世纪，农村的生产方式、交通道路、运输工具已发生了很大的变化，但村镇选址的一些基本原则仍得到延续。第一，靠近国道、省道或主要道路附近，以及车站、码头等水陆枢纽附近。第二，村镇附近有良好的自然环境和生产环境，如水源、良田、树木。第三，村镇附近有一定的资源特色，如以农业为主的村镇，附近最好能有相当规模的农田；工业为主的村镇，附近能有相应的产业优势；以旅游为主的村镇，附近能有特色的自然景观或文化古迹；商业为主的村镇，附近有方便的交通，有利于货物运输和买卖交易。

2.1.2 村镇的总体布局

村镇总体布局要根据村镇的特色、人口规模、地理、地貌和环境综合考虑，常用的用地类型有住宅建设用地，工业建筑用地，农业用地，文体用地，商业金融用地，道路广场用地，绿化用地等，在进行村镇规划时应合理地划分用地类型，控制建设用地规模，使得生产用地简约方便，住宅用地环境优美，教育卫生用地整洁安静，金融商业用地人气旺盛。在中国传统优秀村镇中，寨墙、街巷和沟渠，构成了村镇的基本框架，如安徽黟县西递村，四面环山，东西约长500m，有三条溪流从村北村东流经全村后在村南会源桥汇聚，村落以一条纵向街道和两条沿溪的道路为主要骨架构成以东面为主，向南北延伸的村落街巷系统。古代村镇如布置在地带较为平缓的山区，村镇布局一般会结合自然排水沿河流走向布置水口，一般来讲水口即是溪水汇聚之处，也是村镇的门面和景观之处。在现代村镇建设中，总体布局应注意道路、广场、休闲空间，居住建筑空间，公共娱乐空间，商业贸易空间，绿化生态环境空间，生产经营服务空间，一个良好的空间布局和系统的道路骨架，是整个村镇布局的灵魂，总体布局对村镇的建设和发展是非常重要的，也为村镇的可持续发展奠定了基础。

2.1.3 村镇建筑与环境

方便的交通、优美的环境是许多传统古镇、古村的位置首选，但是环境的建设和营造是要规划与设计的。古代许多优秀的村镇利用地形，营造环境的方法是值得我们学习的。如浙江武义县郭洞村，三面环山，有两条溪水在这里汇聚，水口尤其有特色，回龙桥东为400m高的陡峭龙山，山上是云雾笼罩的百亩原始森林，桥边溪水湍急，桥外有一道5m高的坚厚城垣，水口周围树木茂盛，风景如画，村内明清建筑布置有序，全村道路均以卵石铺地，晴雨皆宜。再如安徽黟县宏村建筑与自然环境紧密结合，被誉为“中国画里的村庄”举世无双的小城镇水街景观，宏村四环青山黛峰，稻田相连，整个村落就像一条牛卧在青山绿水之中，林间路旁，古树茂盛，绿莺飞舞，融湖光山色与层楼叠院为一体，集自然景观与人文景观于一身，楼台亭阁、池塘、沟渠、湖面有机相连，建筑、树木、庭园巧妙结合，环境俨然是一幅天上人间美妙图画。

图22 世界文化遗产——安徽宏村，建筑、湖面、绿化有机结合，宛如一幅中国水墨画

图23 德国农村农民住宅，生态良好，交通便利，设施先进

2.2 村镇工业区环境与建筑

2.2.1 村镇工业区的位置与布局

近几年来小城镇发展迅速，村镇的布局与环境越来越受到人们的重视，传统以农为主的村镇都面临新的机会和挑战。乡镇工业的发展，已到了一个新的历史时期，走可持续发展的道路，在小城镇中合理地布置工业园区，对于小城镇发展非常重要，工业园区或工厂区宜布置在村镇总体位置的下风向，特别是一些容易产生污染的工厂企业，更应如此，工业园区和居住区或商业区之间留有一定距离的绿化带或生态绿地，工业园区宜与省级公路、市级公路、码头、车站、高速公路入口靠近，园区内部应有开放的空间，畅通的道路，良好的绿地和干净整齐的环境小品和标志。

2.2.2 工业园区生态与环境

村镇工业园区要走可持续发展的道路，那些只顾眼前利益、污水横流、垃圾满天、黑烟滚滚的现象，绝不能出现，要有组织、有系统地处理废气、废物、废水，尽量使用可再生能源，尽力做到废物利用，工业园区的绿化率一般应在35%以上，草皮和树木、灌木和乔木，要有一定的搭配，保持工业园区开阔的视野和良好的生态绿地环境。

2.2.3 工业园区建筑造型与特色

村镇工业园区的建筑造型宜简洁大方，色彩明快，造型新颖，建筑特色应和村镇的企业性质（轻工业、制造业、电信业等）相结合，同时也尽可能与村镇的地理环境文化传统相协调，电子类高科技工业园区建筑，造型新颖，色彩雅致轻巧，制造业企业造型坚固，比例大方，农产品加工类企业，造型突出，色彩鲜明，工厂企业的围墙宜做成通透隔墙，保持道路、建筑、绿化空间之间的连通性，走进工业园区就能使人感到开阔、清晰、朝气的村镇工业建筑的特色与气氛。

2.3 村镇居住区的环境与气氛

2.3.1 居住建筑总体布局

村镇居住区住宅建筑总体布局，可以从三方面加以考虑，首先确定一定规模的住宅小区，一个镇可以根据规模大小布置一个或几个居住区，每个居民区大约300～500户，居住小区配有少量会所（管理机构），住宅小区由不同数量住宅组群构成，每个组群又可由不同数量的组团组成，组团和组群可结合地形、地貌，使住宅建筑都有一定的居住风格与特色，而组群中的每户村民或居民都能有自己的院落空间，院落空间在道路空间与居住空间之间起到一个良好的过渡作用，同时也是村镇居民每家每户室外场地。有些规模较小的村镇，居住建筑可以因地制宜，结合农田、山坡、村地，自由布置，使得村镇居住建筑具有田园风光和山居景观。居住区除了建筑、庭园之外，还应布置一定数量的公共休闲娱乐场地、停车场和园林绿地。

2.3.2 居住建筑平、立、剖面设计与造型

村镇居住建筑平面要根据当地村镇居民的家庭人口规模，工作性质，生活习惯来考虑。农业为主的村民居住建筑面积一般较大，除了常用的客厅、餐厅、厨房面积较大之外，还应有一定大小的库房，和生产工具用房。商业为主的

村镇居民往往喜欢底层开店，二层居住，底层前门面开店，后面设客厅及库房，而一般在企业、政府中工作的村民，往往喜欢平面布局紧凑，注重房间朝向，客厅布置合理。通常村镇居住建筑中各种库房较多，粮食、蔬菜、瓜果存放，小型农业工具的存放，都要有所考虑。

立面设计在经济比较困难的村镇中往往不够重视，但是要仔细研究，良好的比例，简洁的装饰，具有一定的风格和特色，花钱虽不多，也能达到较好效果，由于不同的地理、地貌和气候，我国南方地区村镇建筑立面中，门窗面积较大，通风采光效果较好。而北方地区相对比较寒冷，保暖要求较高，特别是朝北或西北方向不宜开大窗。

剖面设计要考虑居住建筑室内有良好的通风、采光，层高应比一般城市居住建筑层高高些，南方地区层高一般3m左右，北方地区层高3.2m左右，局部门厅、客厅层高可以更高些，另外，还可根据不同房间的使用性质，房间的大小，采用不同的层高。剖面设计中，还可以根据不同结构类型进行空间组合，砖墙混合结构布局比较整齐，如用钢筋混凝土框架结构，平面布局和剖面设计中都能够比较灵活，往往可以根据实际需要，按要求进行设计。

村镇居住建筑造型应根据当地环境、传统和文化来综合考虑，南方炎热地区居住建筑造型宜轻巧，通透灵活多变，江南地区造型宜简洁淡雅，北方地区造型宜厚实，稳重，西北地区造型宜浑厚，雄健。总之造型应结合地理、地貌。山地环境宜错落有致，平地可适当高低起伏，前后凹凸。原有基地上的池塘、湖泊、坡地、林地都可以有效地加以利用，做到建筑与自然紧密结合。

2.3.3 居住建筑的环境与小品

良好的绿化布置，安静的居住环境，是村镇居住建筑的最基本要求，居住建筑尽量与基地上原有的自然环境本身结合，减少不必要的人工景观，环境设计要以人为本创造适合村民生活、工作、学习、休闲的优良场所。自然、质朴、新颖、安静的环境气氛应该成为当代村镇居住建筑的基本要求。当代村镇传统文化与历史文脉也应在我们新建或改建的村镇居住建筑中有所体现，草皮、树木、建筑小品、道路、路灯、垃圾箱，建筑造型和色彩都将对居住建筑环境与气氛产生一定的影响。

2.4 村镇公共建筑的功能与造型

2.4.1 公共建筑的功能与位置

村镇的公共建筑虽然没有城市中的公共建筑规模大，但它在小城镇中所起到的中心作用，不能被忽视。行政管理，教育卫生，集市贸易，商业金融都要合理安排，规模较大的中心镇，以上功能可以多考虑些，规模较小的村镇，以上有些功能可综合在一起加以布置。村镇公共建筑在总体布局中一般可有以下几种布局形式：第一，公共建筑沿村镇主要街道两侧布置，这种形式布局对于组织行道景观有一定作用，但如果主要街道上交通车辆繁忙，人们往往处于匆忙和紧张的环境中，对办公、购物等人员的安全性是不利的。第二是在村镇主要出入口附近建造公共建筑，对于规模不是很大的村镇，集中将公共建筑布置在村镇入口对村镇的形象有较大的好处，但村镇入口处要统一规划，分批建造，公共建筑与环境绿化最好能同步建设。第三是将公共建筑设计在村镇的中心位置，它的服务半径相对较大，村镇居民都能较好地利用公共建筑。村镇中心也是居民休闲游玩、购物的良好场所，具体布置可分为二种，一种以公共建筑围绕中心绿地广场布置，这种布置视野比较开阔，室内与室外，环境整体感较强，购物气氛较浓；另一种是公共建筑集中布置，四周有适当的绿地，这种布置建筑相对雄伟高大，购物、办公相对集中，但公共建筑各功能之间处理不好，有一定的干扰作用，环境较差。第四是村镇公共建筑按不同功能，布置在村镇的不同位置，有些公共建筑还可以与其他建筑混合在一起。如沿街建造商住楼，底层设商场，楼层设住房。

2.4.2 公共建筑的造型与色彩

村镇公共建筑的造型与色彩要结合地形、地貌特色与民族传统，适当提炼概括，特别是一些重要的公共建筑如宗教建筑、文化建筑、办公建筑、政府大楼等都可作为村镇中心的标志性建筑来设计，它的位置、体量、高度、形状、颜色，对整个村镇有着非常大的影响作用。在传统历史文化村镇中，设计公共建筑要结合原来村镇传统建筑风格与特色，新建的公共建筑空间与传统的优美老建筑保持良好的协调关系，在新规划的村镇，建造村镇公共建筑，则要更多考虑各种公共建筑的功能特色，如村镇办公建筑宜干净、明快，文化娱乐建筑新颖、丰富、适当夸张，商业建筑热烈，多变、色彩丰富，交通体育建筑可采用大跨度、新结构。一般情况下村镇公共建筑尺度不宜过大，色彩宜鲜明、活泼，局部装饰可结合地方传统灵活运用。

图24 德国小镇道路转角，简洁、丰富，与周边环境协调一致

图25 德国小镇道路转角，建筑高低错落，景观丰富

2.4.3 村镇公共建筑和场地环境气氛

村镇公共建筑与城市公建相比，规模较小，但有些环境要求，场地设施却是相同的。道路两边设商店，购物的人与道路上行驶的车辆易发生交通安全问题，目前许多小城镇都现实存在，如将道路改成步行街，禁止机动车辆行驶，这就能大大改善交通环境。道路、绿化、建筑小品、垃圾箱、路灯、花台、休息座凳、书报亭、停车场等与商店密切结合，就能创造出良好的村镇商业建筑环境，再如将商店集中组合适当分隔并与广场、中心绿地充分结合同样也能创造出宜人的商业空间环境，或者就是两者结合，既有步行街，又有局部广场，休闲场地的密切结合。公共建筑宜结合地形，封闭的、开放的和半开放地灵活布置，使得公共建筑的环境更加丰富多彩。近年来我国村镇建设发展很快，公共建筑和村镇中心应该是一个有机的整体，合理开发，统一规划，分步实施，道路、绿地、广场、小品、灯光、停车场、垃圾箱、排水沟、无障碍设施，都应考虑在内，使之形成干净、有序、生气勃勃的环境气氛。

2.5 村镇道路、河道与桥梁环境

2.5.1 村镇道路的基本功能和要求

村镇道路是整个村镇规划中的骨架系统，主要道路与次要道路分工明确。住宅区道路，商业区道路或工业园区的道路，路面宽阔，路面的表面细部处理和色彩都应有所不同。一般工业园区的道路应通顺、简洁，商业区的道路可丰富多彩，有休闲、游玩的气氛。住宅区的道路宜安静、方便，且有一定的标志性与方向性。另外，山区村镇的道路应顺应地势，尽量沿等高线布置道路，减少道路与等高线交叉，节约土方量，降低造价，道路纵坡不宜过大。平原村镇应注意道路中的车行道和步行道之间的分隔与联系，尽量做到人车分流，水网河道较多地区的道路要结合河道整治和

图26 上海青浦朱家角镇水乡景观，居住、休闲、旅游有机结合

图27 上海青浦朱家角镇改造后，面貌焕然一新

图28 世界文化遗产——安徽宏村，建筑、湖面、绿化融为一体

图30 浙江绍兴新丰村河边景观，生活方便，空气清新

改造，要特别注意河道交叉处，叉角不宜过大或过小，河道上架设桥梁上下坡不宜过陡，人车应有效分流，村镇中心的主要出入口与省市主干道的连接之间最好能有一定距离的缓冲区，大约在300～500m之间，有的村镇还应根据自身的情况，如小型农用车、摩托车较多，合理、灵活地设计道路宽度、坡度，转弯半径及路面做法。村镇中心广场与道路要有机结合，小型广场与村镇文化中心，商业娱乐设施是村民室外集会、活动的集中场所，应把它们结合起来综合设计。道路的规划与设计要总体考虑，道路上的路灯、路标、绿化和路边的停车场地，路面下的各种排水管，电缆管线，统一规划布置，防止地下管线互相穿插，杂乱无章，既不安全，也不经济。由于某些村镇的经济发展较慢以致财力不足，可统一规划分批分期建设、逐步完善。

图29 浙江绍兴新丰村河边景观，江南美景富于诗意

2.5.2 村镇居住区道路环境与景观

居住区道路由小城镇道路网包围，但不能随意被穿越以保持居住区的安静、安全和一个舒适、方便、安全宁静的居住生活空间，通常情况下，居住区道路一般红线宽度不宜小于20m，它是居住区联系其他功能区的主要道路。小区路面宽5～8m，建筑控制线之间的宽度，采暖区不宜小于14m，非采暖区不宜小于10m，小区路是连接居住小区主要出入口的道路，其人流和交通运输较为集中，是沟通整个小区的主要道路。道路断面以一块板为宜，辟有人行道，小区的路面布置形式，有环通式、尽端式、半环式、混合式等几种方式，具体选用何种形式应根据地形、现状条件、周围交通情况等因素综合考虑。组团路，路面宽3～5m，建筑控制线之间的宽度，采暖区不宜小于10m，非采暖区不宜小于8m，是小区各组群之间相互沟通的道路。重点考虑消防车，救护车，住户小汽车搬家和行人的通行，道路断面以一块板为宜，可设人行道，在道路对内联系上，要做到安全、快捷地将行人和车辆分散到各组群内并能顺利地集中到干路上。宅间小路，路面宽不宜小于2m，是进入住宅楼式独院各住户的道路，以行人为主。另外居住区道路还要与区内绿地、停车场、休闲活动场地、建筑小品等密切结合，创造出风景优美，环境舒适的道路空间。

2.5.3 村镇河道环境与气氛

中国南方地区，特别是江南平原，大多数村镇沿河流两岸布置居住建筑，老百姓生活离不开水，水不但是人们生活基本要求，也是水乡人民的交通需求。随着近年来铁路、公路的大力发展，过去村镇中许多河道不是被填埋，就是被改造，河道堵塞、河水污染，已成为相当多水乡村镇生态环境问题，因此在村镇建设与改造中，我们不一定要将全部河道填埋，或将原来弯弯曲曲的优美河道都改成直线型河道，而应根据周边生态环境、地理、地貌、气候，尽量做到顺其自然，适当改造，既满足自然界河道的自然性、丰富性和生态性，又有曲折感，使得每个村镇的河道环境都富有自身的特性。建筑临河布置的村镇，要做到建筑与两岸道路、绿化有机结合，建筑中的污水与垃圾不能随便倒入河中，建筑与河道离开一些距离的村镇，河道边上应广种乔木、灌木和草皮，使河道边上有良好的生态环境，又有优美的沿河景观。有的村镇更可结合当地经济特色，种植果树或农作物，将杂乱无章，无人管理的河道两岸建设成为当地优美的村镇环境。

2.6 村镇绿化环境与景观

图31 安徽宏村民居庭院，石头、绿化、水池合成一景

2.6.1 村镇居住区绿化环境

村镇居住区绿化强调住宅与庭园的有机结合，草皮，灌木围绕住宅可以是开敞式布局，树篱、大树围绕住宅可以是半开敞式布局，住宅还可以结合家庭绿色庭园经济，种植、养殖、水产立体发展，总之居住区绿化应净化当地空气，创造优美环境，给人们提供舒适的、安静的居住场所。

2.6.2 村镇公共绿地环境

村镇中心广场或公共绿地的绿化要体现村镇的个性和特色，要与道路建筑小品有机结合。公共绿化，庭园绿化能自然过渡，机动车和人行道之间的绿化要留有一定的宽度，平面绿化与立体绿化可以同步考虑，一年四季都有绿色，村镇绿化还可以结合林业发展，大面积植树造林已成为我国可持续发展的一项基本国策，绿化还可以和村镇庭院和当地老百姓日常生活结合起来，做到物尽其用，与一般大城市精致的绿地，高级喷水池不同，村镇绿化尽量采用适合当地气候的合适的树木，突出绿化树木的造型与色彩。有些草皮和灌木可以呈现开放式，这样既可节省绿化管理人员，又可增加村镇绿化的自然野趣。

2.6.3 村镇绿化布置与树种

村镇绿化应充分结合当地原有树种和树木，结合原有的山地、池塘和湖泊。合理利用地形、地貌，创造出丰富多变的环境景观和良好的生态环境。在村镇主要出入口处，可布置一定面积的园林绿地，以加强入口的环境与气氛，居住小区的建筑风格应与小区名称和标志结合，每幢住宅建筑的入口处都可结合绿化布置，局部点缀，重点突出，做到既美化环境，又有标志性和个性。

2.7 村镇建筑的风格与特色

图32 云南丽江，小桥流水人家，宁静、安详

2.7.1 建筑与传统历史

我国是一个多民族的国家，东西南北地理环境、气候相差较大，但当前仍有相当部分的村镇建筑没有风格、没有特色。把它放在南方海南岛可以，放在北方黑龙江也可以。地理、地貌、气候、传统文化与历史应在我们村镇建筑中有所反映，在传统历史文化古镇中，新建的屋顶、门窗、颜色，与当地传统建筑应有一定的呼应，新建筑风格与当地传统民居，文物古迹，风土人情，历史遗迹相结合，对一些保留下来的传统优秀建筑，古代优秀村镇要加以有效地保护建设和开发，要尊重历史，保持古代优秀古村、古镇原有历史风貌，过度开发，乱拆乱建势必损害优秀村镇的历史价值。

2.7.2 建筑与时代文化的结合

世界进入21世纪的今天，村镇建筑用材料，施工机械和设备也与以往有所不同，钢筋混凝土、石膏板、塑钢门窗等许多现代材料经常使用，电视、电影、电话，现代化通用信息和文化宣传随处可见，在21世纪村镇建设中，如何反映出建筑的时代性和文化性的结合也是当前的一个新课题，传统建筑的坡屋顶、墙、柱、梁、搭接的一些方法都可以在当今建设中加以深化和改进，中国传统民居中一些砖雕、木雕、对联等装饰艺术性较高的传统文化，都可以在今日村镇建筑中结合现代材料、技术，加以发挥，特别是在村镇建筑中的一些文化建筑，如电影院、文化馆、中小学中更应反映出时代文化风貌，形式不一定复古，但中国优秀建筑精髓还是可以结合新建筑、新结构体现出来。

图33 浙江绍兴新丰村，道路、桥梁、绿化有机结合，营造了江南民居的环境气氛

图34 浙江温州楠溪江岩头村河边长廊，既是交通要道，又是人们休闲的场所

图35 浙江绍兴新丰村公共绿化与宅前绿化相结合

2.7.3 建筑风格和特色的创新与协调

随着改革开放的进一步深入，村镇建设与改造越来越多，用新材料、新结构、新方法去模仿老建筑、老传统是没有生命力的，脱离传统优秀历史文化，在优秀古村古镇中去搞一些所谓创新，往往是失败的，创新与协调在古村、古镇的改造中有非常大的意义。新旧建筑之间的协调是多年来，许多古镇建设与改造中都碰到的一个难题，一般来讲新建筑造型与传统建筑相比时，可在色彩上和局部装饰上做些创新，而新建筑的造型与传统建筑相差较大时，新建筑的颜色，局部装饰可与传统建筑尽量相同。除了国家级、世界级的古村、古镇外，在一般古村镇中，室内空间同绿化道路与环境都可以作为创新的基本要素，特别是要满足当代人的生活居住、游玩、休闲的需要，当代村镇新建筑需要大量既有新意，又有传统文化历史底蕴的风格与特色，用开放的发展的眼光，既回顾历史，又面向未来。

2.8 生态村镇建筑与环境

2.8.1 生态村镇与建筑材料

改善村镇人居环境，保持村镇的可持续发展，是生态村镇的最基本要求，村镇建筑应尽可能地多用可降解的材料，如稻草板、麦秸板、木屑板和自然材料，如木材、石材、竹子等。在建造技术上，可采用复合墙体保温技术，屋面保温，太阳能装置，屋面植被，许多建筑构配件的门窗都可实现规格化、标准化、产业化。国家和地方对当地的建筑材料可制定“生态评价表”使得所用材料满足环保要求。

2.8.2 生态村镇与能源

在生态村镇中须重视节能、节水工作，太阳能、风能、地热、沼气、水能都可以在村镇中充分利用。太阳能和风能都属于清洁能源，由于它在产生能源过程中，不产生或极少产生废物、废水、废气，因而极大地减少了对自然生态环境的污染。屋面的雨水也可收集起来，用作冲洗厕所，浇灌绿地，对生活污水采用生物技术处理，净化水可作为村镇景观用水，有些生活污水简单处理后，可经过沟渠或人工湿地自然地净化。

2.8.3 生态村镇与自然环境

生态村镇应与村镇四周的自然环境密切结合，尽量保留基地上原有的河流、山坡、田野、池塘、小溪、绿化树木，村镇中的生态绿地，公共绿地由社区统一管理，每家每户自己的房前院后绿地由居民自己种植管理，可种栽自己喜欢的花草树木，春天百花齐放，夏天郁郁葱葱，秋天果实满园，一个鸟语花香、环境优美的村镇将展现在人们面前。

第3章 城镇建筑环境规划实例介绍

3.1 旧城的改造与更新——江苏省江都市龙川商业街及龙川花园住宅规划设计

3.1.1 项目背景

基地位于江都市城区中心区，东起三元路，西至利民路，南至解放路，北至老通扬运河一线。该区域作为江都市城市的发源地，有许晓轩故居等历史遗存，还有市人民医院等设施。其与西边的区域共同组成了总体规划中的龙川商业步行街，作为整个商业步行街的东组团，基地处于一个相当重要的龙头作用。

基地东西长约420～450m，南北宽约130～150m，总用地面积约80亩。根据规划控制要求，基地北侧老通扬运河，沿河绿地控制宽度20m，内设7m道路；西侧为利民路，建筑后退红线至少6m；东侧三元南路道路红线为36m，建筑后退至少3m；南侧解放路道路红线为20.5m，建筑后退至少3m。

本地块地理位置优势明显，东西两端将都有过河大桥；同时由于傍依老通扬运河，带来了宝贵的景观和生态资源；更为重要的是，该区作为江都市城市的发源地，对于市民有作为中心区的历史文化优势，在此更新和开发龙川商业步行街的条件已经成熟。

3.1.2 设计原则

1.贯彻“品牌性”原则，以发挥江都龙川街的历史商业文化特色，建设江苏省精品商业区为目标，设计兼具鲜明时代感和历史文化品位的品牌商业区和社区，体现以人为本、兼收并蓄的时代个性。以马头墙、水巷为代表的传统风格与现在商业休闲空间结合作为形象定位基准。

2.贯彻“生态商业区”、“生态社区”的原则，利用地块北面毗邻通扬运河的环境优势，营造亲水的商业空间和生态型的现代社区，强调人与自然的和谐共存。强调水体空间、绿化空间、购物休闲空间与居民生活空间的融合，将商业组群、住宅组群与自然环境融为一体。

3.贯彻“以人为本”的原则，以建设舒适安逸的商业休闲环境为设计目标，力求提高人居环境质量，满足顾客和居民物质与精神多方面的需要，创造一个布局合理、功能齐备、交通各得其所、环境优美的现代社区。

4.贯彻“可持续发展”的原则，一方面是文化的延续，力求把原有龙川街的商业氛围和江南建筑特色继承发展；另一方面则力求根据市场需求实施滚动开发与分期建设，将可持续发展的指导思想贯彻于规划设计、工程建设和管理中。

5.贯彻“可操作性”的原则，应考虑商业街与西面街道的延续，与南面商业区的相互关系，并尽量留下分块开发的可能性，为未来发展作出合理控制的同时，留有余地。

3.1.3 方案比较

1.分区

一开始我们从两种分区思维开始考虑。

其一，自东向西横向分区。这样分区的好处在于它留出了南北向的通道，可以把城市与北面的运河直接联系起来。对南部的城区来说，运河是清晰直达的地方，而滨河绿地正是当今中国乃至世界的城市生态发展热点，这对于有效利用生态资源、激活基地地块的人气有很大的积极作用。同时各区块内部也比较集中。但这样分区的不利也比较明显，对地块的分割失于琐碎，原有商业街的连续性破坏过多，商业与居住的分区也不够得力。

其二，自北向南纵向分区。这样分区的好处在于它使南部的商业街浑然一体，商业街有足够的余地来进行空间上的变化。同时住宅既有好的环境也可与商业街合理隔离。其缺点在于由于地块南北向较狭窄，由于日照间距的要求使分区后南北区块里的建筑都格局不大，特别是对住宅量的影响不小。北部被住宅占据，为了保留亲水空间，商业区内部设置浅水池。

其三，整理后的分区方式。根据分析前两种情况的优缺点，我们得出了综合性的更为合理的分区方式，地块整体南北分区，通过中间曲线线形的分割，使两者都能得到有节奏的收放，南面在放大的区域形成集中商业组团，缩小的区域形成连廊，北面在放大的区域形成住宅组团，缩小的区域作为公共绿地。而南北向的生态通道仍然保留，通过水体环境来强化但不干扰交通。这样各个区块都获得了最大的利益。

2."龙"与"川"

分区之后，"龙"与"川"的形成成了我们总体形态的重要特色。

"龙"——龙脉作为主轴线，贯穿我们调整后的新龙川商业步行街。其曲线型在功能上的巨大优势是使南北的商业区和居住区相互咬合，避免了建筑间消极空间的出现，尽量把南北向不算宽裕的空间充分用足。而在形态上，它是商业街，既有江南古典街市的曲折韵味，又有现代景观的流动感，使商业空间异常丰富。而这曲线型带给人们关于龙的联想，则是商业街兼具地域和历史特色的一道趣味风景。

"川"——即南北向的三条生态通道。最东边一条即现有的玉带河，另两条分别为人工浅水池，结合铺地和环境。用这样三条水体环境来强化南面的城区与运河滨河地区的联系，但不干扰交通，同时还能改善商业区和住宅区的景观和小气候。

3.1.4 功能布局

1.龙川街

新的龙川商业步行街街道相对于原有街道，线形和尺度作了较大调整。

首先，考虑南部商业街和北部的龙川花园居住区能最有效地利用土地，故采用曲线线形使两者得以相互咬合。

第二，考虑对商业街的功能和空间进行分段（现自东向西初步拟为小商品商业区、服饰商业区、饮食商业区、中心广场综合商业区、文化商业区、休闲商业区），使街道连贯统一的同时有多个线形的主题变化，利于分段开发，也使步行过程更为吸引人。

第三，考虑现代商业步行街集购物、餐饮、旅游、休闲于一体的特点，街道放宽，并且与绿地、树木、水体、文化小品、服务设施相结合，并在每个商业组群设置小广场，使传统的商业过程变得更加轻松惬意。

第四，考虑历史文化特色和地域文化特色，采用灰顶白墙、马头墙、坡屋顶、过街天桥等元素形成街道鲜明特征，同时在里面安插文化小品，营造文化格调。

第五，"龙"的主街中留下5m的临时车道，可满足消防需要和早晚的货运需要。

第六，南面沿解放路也应作为一条辅佐于主商业街的次商业街界面考虑。

2.龙川花园居住区

龙川花园居住区即位于基地北部，商业步行街区与滨河绿化之间的地块。南面与商业街交通互不干扰，通过几条景观水体和中心绿地向滨河放开。其组团绿地完整，北面的临河位置也为其相当优秀的景观资源。

住宅户型：

龙川花园居住区的房型包括以下四种类型：

A型：多层，两室两厅，每户建筑面积约110m^2（不含底层储藏室）；

B型：多层，三室两厅，每户建筑面积约130m^2（不含底层储藏室）；

C型：多层，四室两厅，每户建筑面积约150m^2（不含底层储藏室）；

D型：中高层，两室两厅，每户建筑面积110m^2（不含底层储藏室）；

另外，每种户型的顶层跃层住户还多获得约25m^2。

住宅造型：

龙川花园居住区以"现代江南风情"的建筑定位为主，既能体现江南水乡和徽派马头墙交融的地域建筑特色，又具备现代感，强调美观、新颖、简洁、明快、流畅的特色。住宅采用坡屋顶方式，南面沿商业街的住宅和北面中高层住宅作出适当的高度变化，营造丰富的天际线。另外，在局部增加标志性的细部，增强其观赏性和识别性。

3.保留建筑

西面的市人民医院采用乔木树阵与商业街隔离；许晓轩故居在条件允许的情况下可考虑与商业建筑之间设置通廊，使购物与历史文化参观流线一体化；原武装部在条件允许的情况下可改造为商场，与商业街融为一体。

3.1.5 道路交通

1.出入口和道路交通

龙川商业步行街区设有三个主要步行入口，主入口在南面地块华联商厦所处的路口处，另两个分别在步行轴线的东西两端；由于沿轴线留有一条定时通车的货运和消防车道，故左右段也成为临时的车行出入口。

龙川花园居住区以滨河绿地内的道路为小区干道，由此引出支路往南进入宅间区域。

2.静态交通

龙川商业步行街区在对应南部解放路的两个丁字路口处附近设置机动车停车场，这两个停车场都采用部分室外植草砖和部分建筑底层架空相结合的方式。而在东西两个入口附近设置沿街的自行车停放场，主要采用室外铺地，局部为建筑底层架空的方式。

龙川花园居住区各幢住宅底部都架空作为机动车和自行车停放空间，另外，沿滨河道路设置了许多补充的临时停车位。

3.1.6 绿化景观

1.景观轴线

“龙”脉作为主轴线，贯穿调整后的龙川商业步行街。商业街所有的建筑、广场、设施、环境都依此展开。同时，在主入口还有一条通向滨河的景观轴线，使商业步行街的高潮区有丰富多层次的视觉效果。

2.景观节点

沿着“龙”脉主轴线，自东边的“龙头”至西边的“龙尾”，设置了九个商业主题空间，包括两端的入口广场，中间主入口处的中心广场和6个主题商业空间。加上解放路沿街面的端头和龙川花园居住区中心绿地，我们重点设置了12个景观节点。其中包括了节点中标志建筑的形态设计，以及环境控制的参考意象。具体效果可参考节点设计图。

3.水系

水系构成了为整个地块带来活力的三条南北向生态通道。最东边一条即现有的玉带河，另两条分别为人工浅水池，结合铺地和环境。用这样三条水体环境来强化南面的城区与运河滨河地区的联系，同时改善商业区和住宅区的景观和小气候，形成依托“龙”轴的“川”意想，增加商业街的文化情趣。

4.历史文化体系

一方面，对于历史文脉的延续通过建筑空间格局、建筑立面分割来保存和唤起人们对于地域历史的记忆；另一方面，沿着“龙”脉主轴线，设置历史诗词碑林、名人纪念塑像、文化交流广场、文化纪念品售点、工艺照明灯光和小品等小型点缀物，将文化与商业、休闲更巧妙地结合；此外，将商业空间与许晓轩故居等历史遗迹结合，是商业和文化遗产保护互利的方式。

5.休闲服务设施

综合考虑现代化商业街的各种需求，考虑重点灯光设置点、电话亭、小卖部、休闲座椅、茶座的位置，为具体的施工留下充分余地。

3.1.7 主要经济技术指标

1.用地平衡表

编 号	用地性质	用地面积（hm^2）	用地比例
1	住宅用地	1.91	31.83%
2	公建用地	1.58	28.16%
3	道路广场用地	0.67	11.94%
4	公共绿地	1.45	25.85%
5	规划总用地	5.61	100.00%

2.综合技术指标

<table>
<tr><td colspan="3">项 目</td><td>计量单位</td><td colspan="4">数 值</td><td>合 计</td></tr>
<tr><td rowspan="8">龙川商业步行街</td><td colspan="2">用地面积</td><td>hm^2</td><td colspan="5">2.34</td></tr>
<tr><td colspan="2">商业建筑面积</td><td>m^2</td><td colspan="5">26480</td></tr>
<tr><td rowspan="2">停车位</td><td>机动车</td><td>辆</td><td colspan="5">55</td></tr>
<tr><td>自行车</td><td>辆</td><td colspan="5">200</td></tr>
<tr><td colspan="2">容积率</td><td>—</td><td colspan="5">1.21</td></tr>
<tr><td colspan="2">建筑密度</td><td>—</td><td colspan="5">45.1%</td></tr>
<tr><td colspan="2">绿地率</td><td>—</td><td colspan="5">15.2%</td></tr>
<tr><td colspan="2">（续）</td><td></td><td colspan="5"></td></tr>
</table>

<table>
<tr><td rowspan="16">龙川花园居住区</td><td colspan="2">用地面积</td><td>hm^2</td><td colspan="5">2.81</td></tr>
<tr><td colspan="2" rowspan="3">住宅用地面积</td><td rowspan="3">hm^2</td><td>A型</td><td>B型</td><td>C型</td><td>D型</td><td rowspan="3">1.06</td></tr>
<tr><td>多层
两室两厅</td><td>多层
三室两厅</td><td>多层
四室两厅</td><td>中高层
两室两厅</td></tr>
<tr><td>0.08</td><td>0.46</td><td>0.42</td><td>0.28</td></tr>
<tr><td colspan="2">居住户数</td><td>户</td><td>20</td><td>148</td><td>130</td><td>132</td><td>430</td></tr>
<tr><td colspan="2">户数比例</td><td>—</td><td>记入D型</td><td>34.4%</td><td>30.2%</td><td>35.3%</td><td>100%</td></tr>
<tr><td colspan="2">居住人口</td><td>人</td><td>70</td><td>441</td><td>455</td><td>462</td><td>1505</td></tr>
<tr><td colspan="2">户均人口</td><td>人/户</td><td colspan="5">3.5</td></tr>
<tr><td colspan="2">住宅建筑面积</td><td>m^2</td><td>2500</td><td>19500</td><td>19930</td><td>15720</td><td>57850</td></tr>
<tr><td colspan="2">公共建筑面积</td><td>m^2</td><td colspan="5">2800</td></tr>
<tr><td rowspan="2">机动车停车位</td><td>室内</td><td>辆</td><td colspan="4">136</td><td rowspan="2">216</td></tr>
<tr><td>室外</td><td>辆</td><td colspan="4">80</td></tr>
<tr><td colspan="2">自行车停车位</td><td>辆</td><td colspan="5">600</td></tr>
<tr><td colspan="2">容积率</td><td>—</td><td colspan="5">2.18</td></tr>
<tr><td colspan="2">建筑密度</td><td>—</td><td colspan="5">37.8%</td></tr>
<tr><td colspan="2">绿地率</td><td>—</td><td colspan="5">45.2%</td></tr>
<tr><td>滨河绿地</td><td colspan="2">用地面积</td><td>hm^2</td><td colspan="5">0.46</td></tr>
<tr><td rowspan="7">合计</td><td colspan="2">用地面积</td><td>hm^2</td><td colspan="5">5.61</td></tr>
<tr><td colspan="2">建筑面积</td><td>m^2</td><td colspan="5">87130</td></tr>
<tr><td rowspan="2">停车位</td><td>机动车</td><td>辆</td><td colspan="5">271</td></tr>
<tr><td>自行车</td><td>辆</td><td colspan="5">800</td></tr>
<tr><td colspan="2">容积率</td><td>—</td><td colspan="5">1.55</td></tr>
<tr><td colspan="2">建筑密度</td><td>—</td><td colspan="5">39.8%</td></tr>
<tr><td colspan="2">绿地率</td><td>—</td><td colspan="5">37.5%</td></tr>
</table>

3.投资估算

序号	项目内容	建筑面积 (m^2)	单方造价 (元/m^2)	总造价 (万元)
1	商场	29280	800	2342.4
2	多层住宅	42130	700	2949.1
3	中高层住宅	15720	1000	1572.0
4	环境用地	33770	150	506.5
5	桥梁	2座	15（万元/座）	30
6	总体建筑	87130	—	6863.5
7	总体环境	33770	—	536.5
8	总预算投资	—	—	7400.0

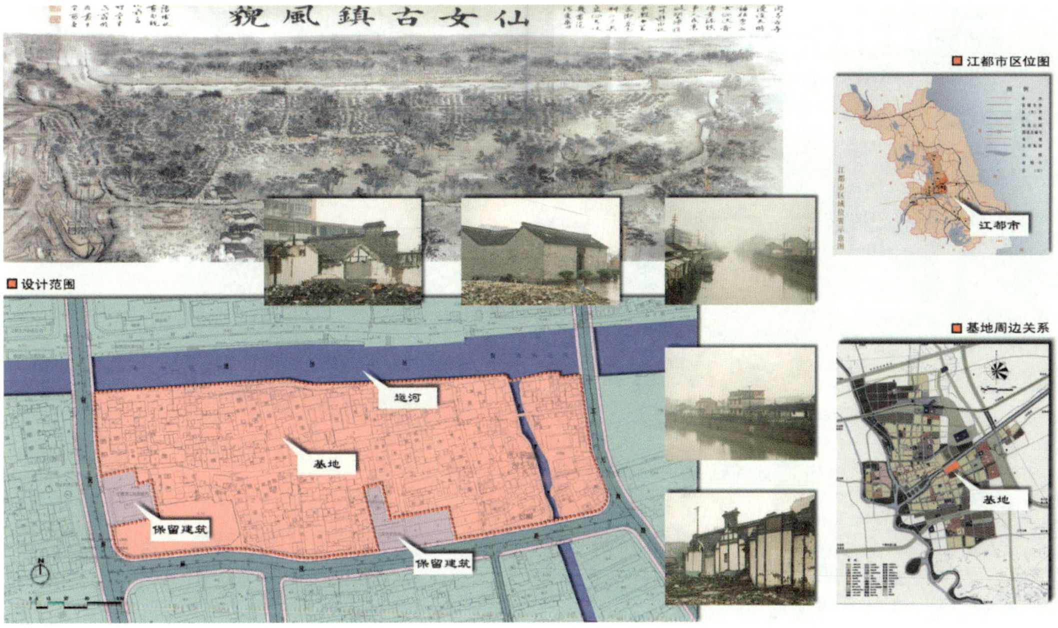

区位图

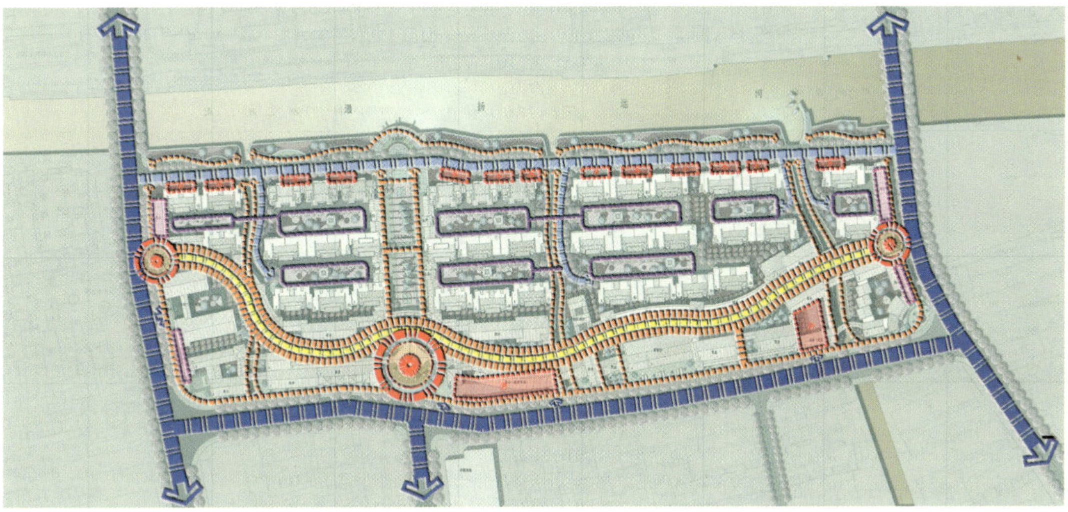
功能分析图

交通分析图

总平面

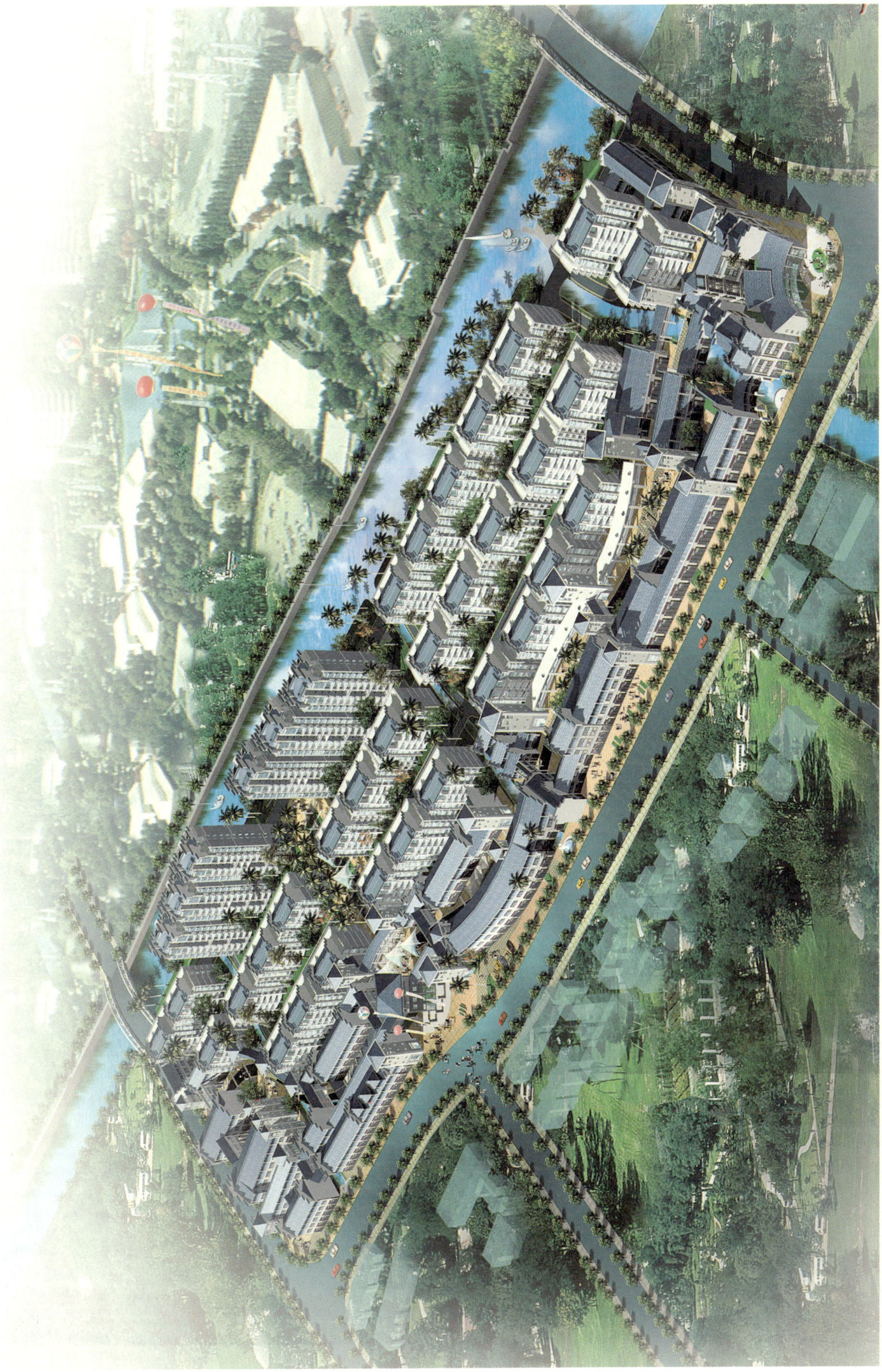

鸟瞰图

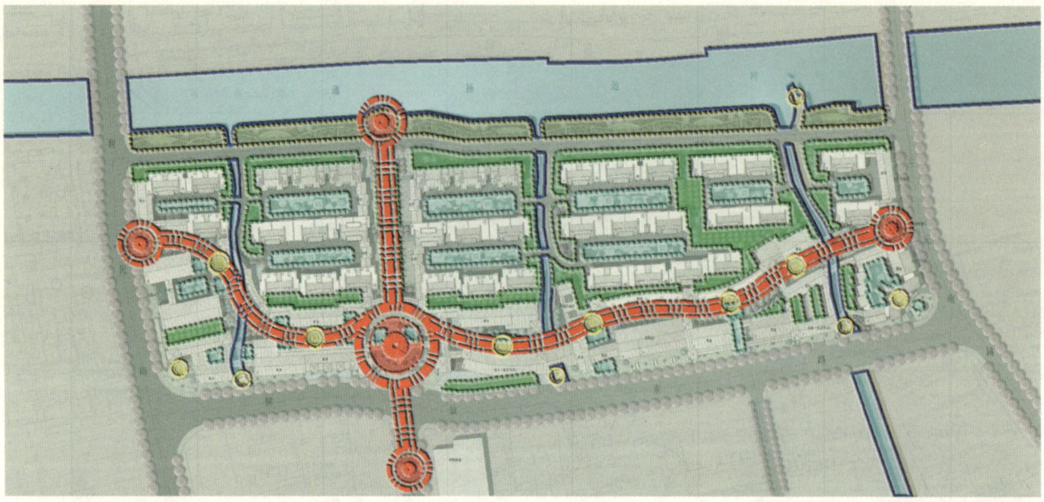
绿化景观分析图

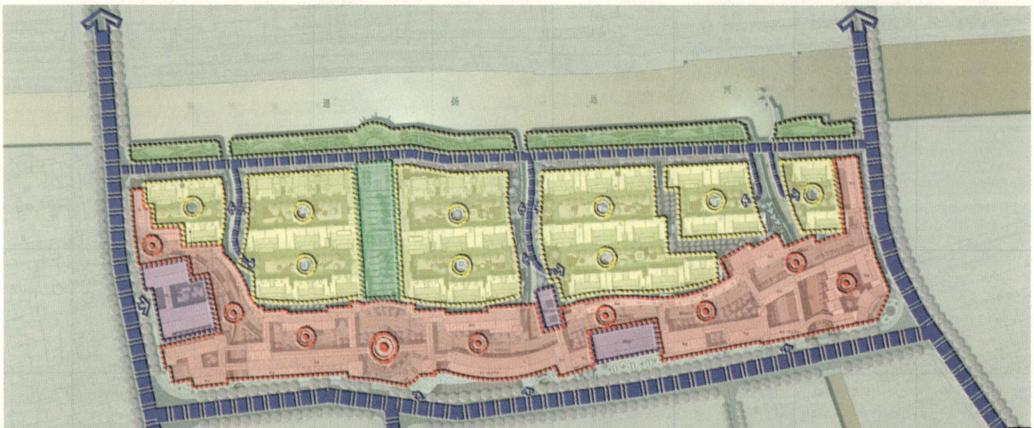
商业街块分析图

转角透视图

小区中心绿地透视图

商业街节点一　商业街东入口空间

商业街节点二　商业街内广场空间

商业街节点三　商业街内空间

商业街节点四　商业街内空间

商业街节点五　商业街内广场

商业街节点六　亲水广场

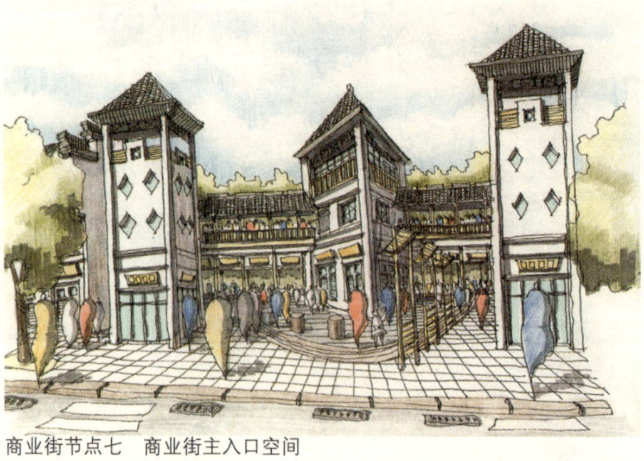
商业街节点七　商业街主入口空间

商业街节点八　商业街内廊道空间

商业街节点九　商业街内绿化空间

商业街节点十　商业街转角入口

商业街节点十一　商业街西入口

商业街节点十二　居住区中心绿地

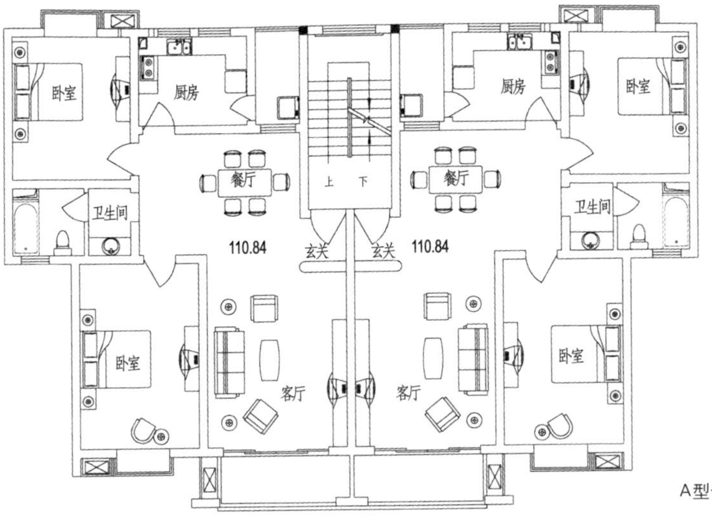

A型住宅标准层平面

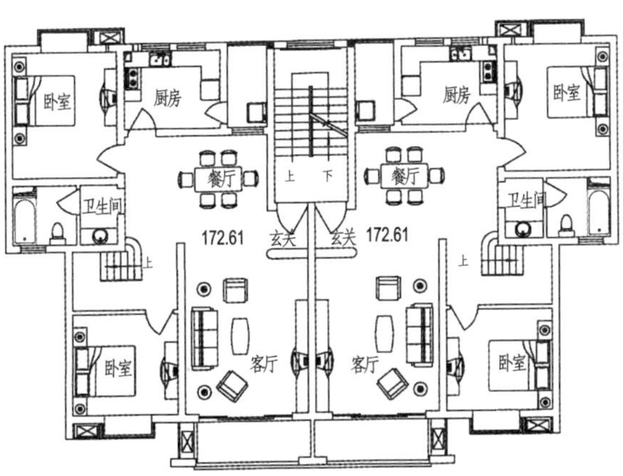

A型住宅跃层一层平面

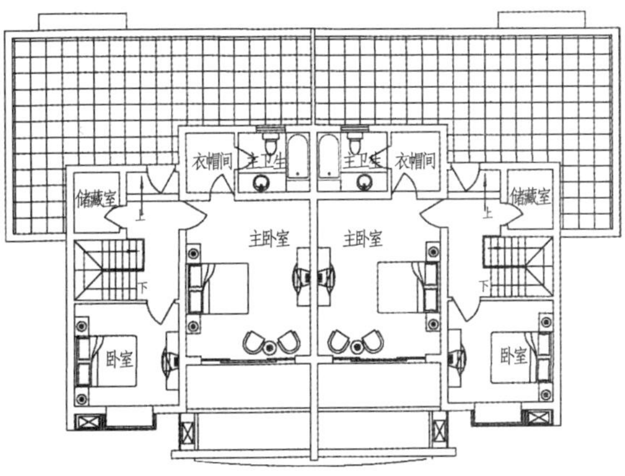

A型住宅跃层二层平面

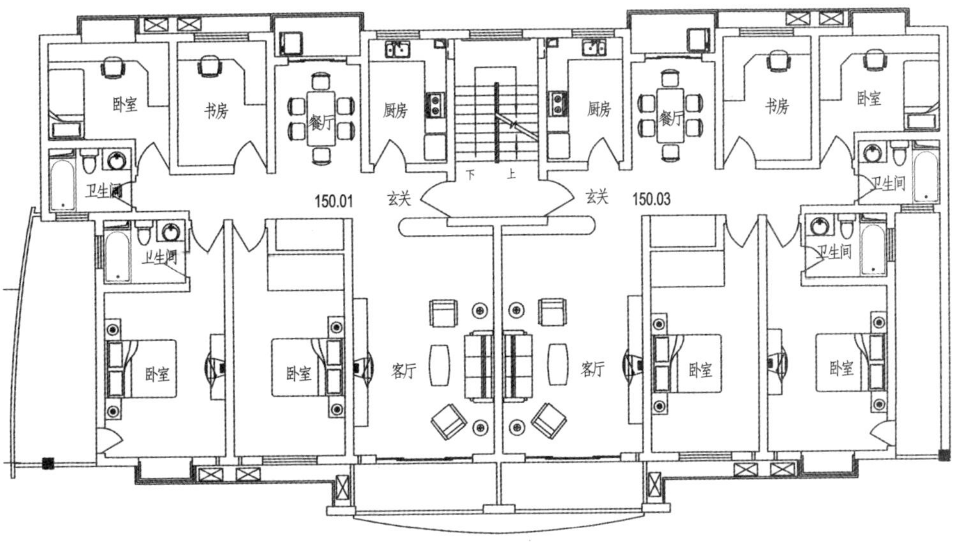

C型住宅标准层平面

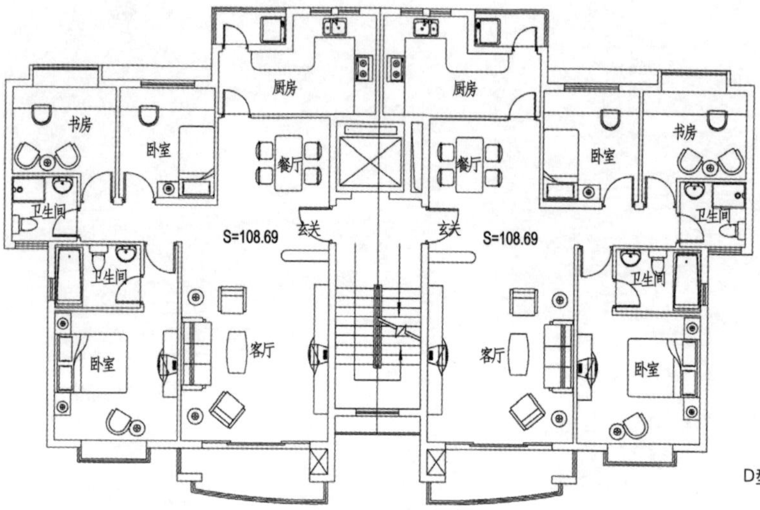

D型住宅标准层平面

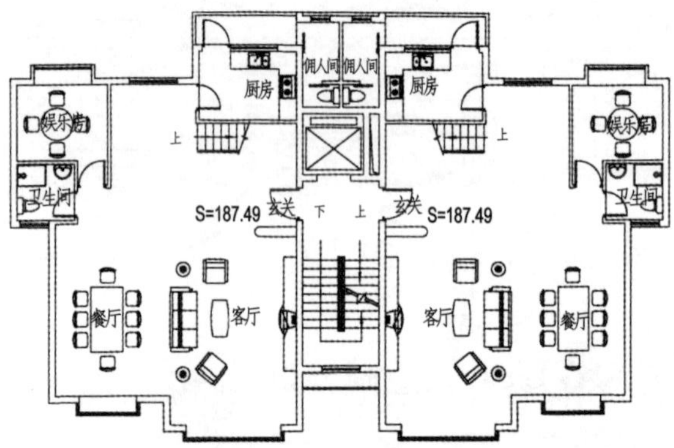

D型住宅跃层一层平面

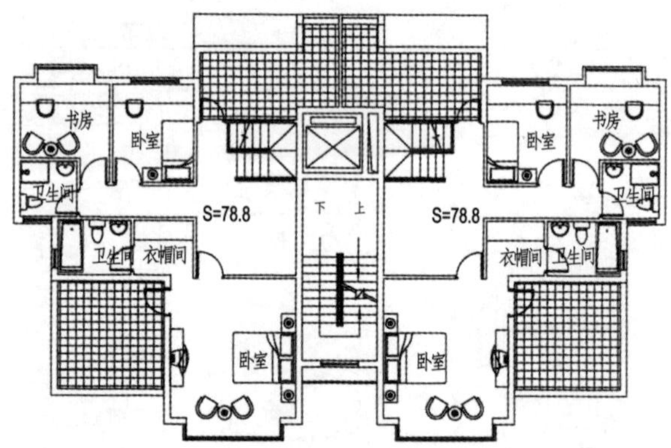

D型住宅跃层二层平面

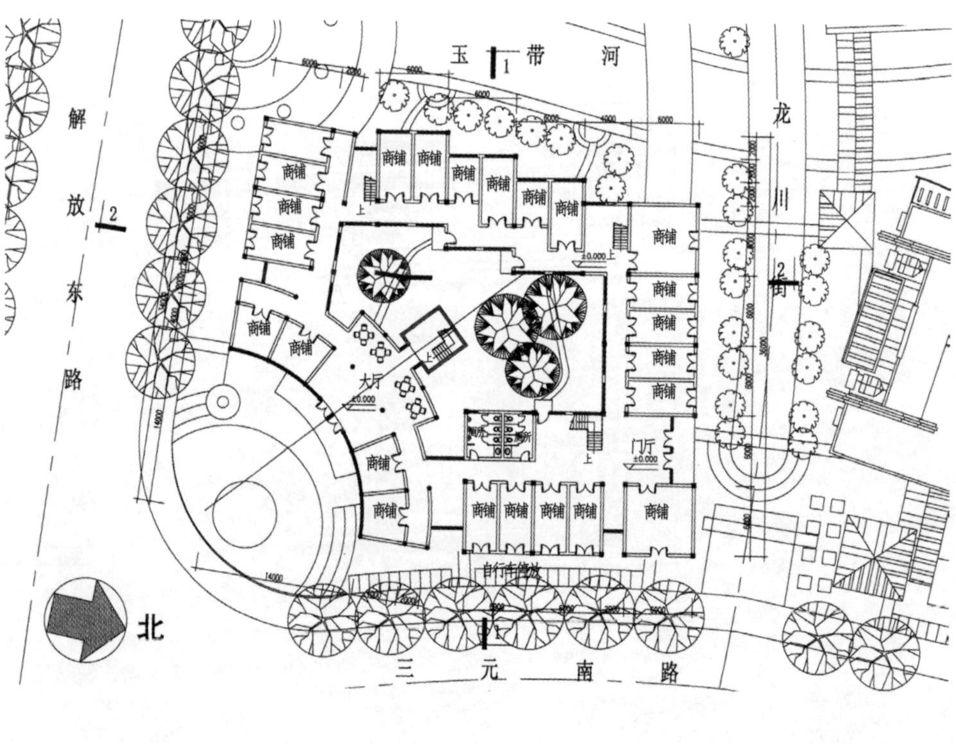

转角商场底层平面

转角商场南立面

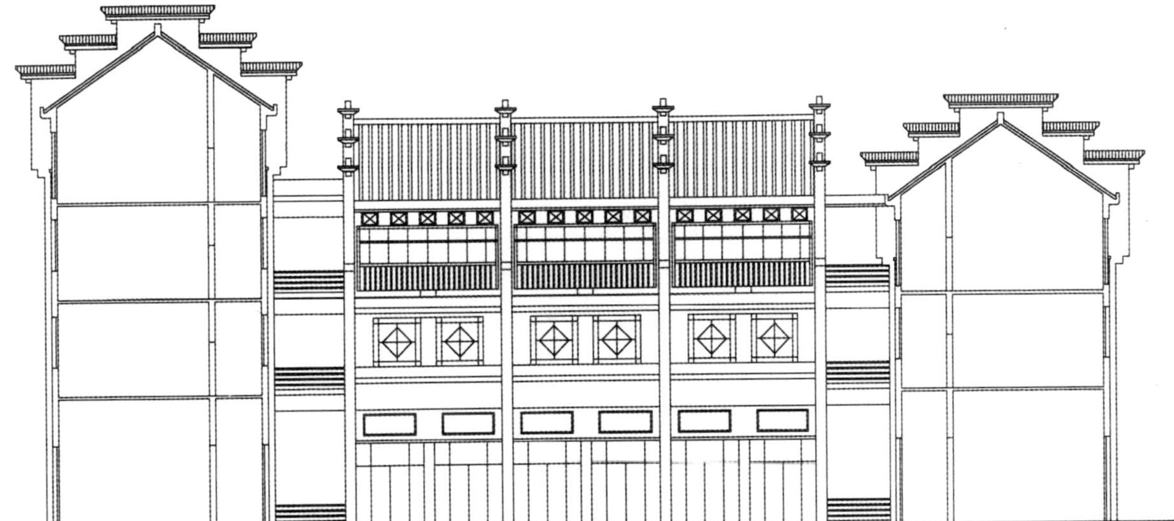

转角商场剖面

3.2 集合式校园——上海同济大学南校区规划设计（原上海城市建设学院）

3.2.1 各个分区建筑环境的特色

1.由教学楼、图书馆和实验楼组成的学校中心区，是三幢建筑围着一大块绿地而建，绿地不但作为建筑与建筑之间的联系，同时也为学校创造了一个安静的室外休息活动场所。新建单体建筑既要与20世纪50年代建造的红砖外墙、大屋顶教学楼统一，又要反映20世纪80年代改革开放的特点，反映学校特色。每个单体虽然是局部的，但却体现了学校总体风貌的一部分。新教学楼9000m^{2}左右，单体为五层混合结构，其东西二边为阶梯教室和电化教室，建筑外墙采用桃红石子干黏土，檐口、雨篷、花台贴白马赛克，整幢建筑色彩明快，比例适中。新建实验楼6400m^2，内设化学、物理、材料力学、暖通、电子、电工、给排水等专业实验室。在设计中，把实验楼内部的电梯和楼梯结合在一起设在入口的一侧，使得实验楼整个外形高低错落，富于个性。外墙面采用10%黑石子，30%白石子，60%桃红石子，清水泥水刷石外墙局部贴白马赛克和抽象标志。总的建筑色彩呈淡咖啡色。远看，色彩稳重扑素；近看，质感清晰、丰富。新建图书馆平面设计成品字形，突出了图书馆在学校中的中心位置。图书馆四周布置的各种树木使之一年四季呈现丰富的色彩。

2.在行政办公及培训区中，把原来旧的教学楼改为新行政办公楼，在办公楼前面，拆除了原来的旧平房，新建培训大楼，10000m^2。我们把培训楼设在学院的进口处，便于外来人员的培训及联系工作。在培训楼的另一边设置高层学生公寓，这样既衬托了学校入口处的气氛，又便于学校的管理。

3.后勤生活区是全校的生活基地。这一地区原有破旧房屋较多需要逐步改造。新建食堂是后勤生活区中的主要建筑，在设计时考虑到新旧食堂的有机结合，另外在新食堂的设计中，采用了门架上楼的做法，使新食堂的底层能吃饭，二层为能开会、演戏与放电影的多功能单体。

4.在新获十五亩地以后，把原有操场移至十五亩地内，较好地解决了“闹与静”的关系，同时把原来只有300m跑道的旧操场变为400m跑道的正规操场，在操场边上新建一幢二层楼的体育馆。

5.校园的东北角是上海天和电容器厂，与我校只有一墙之隔，许多烟囱、破房子集中在围墙边上，对我校的环境极为不利。在与上海天和电容器厂协商后，由我们承担邻近厂房的改建和扩建。我们把原来的实心旧围墙改建成漏空花格新围墙，把原来的旧厂房改建成新厂房，把原来的许多旧烟囱适当归类组成一组组新烟囱，同时在围墙边上种上许多抗腐蚀性强的夹竹桃，使得原来破旧不堪的环境变得美观、整洁。这样，不但为学校增添了新景色，又净化了学校的空气。

3.2.2 环境的改造和创新

1.新旧建筑的协调

在旧校的规划、设计与改造中，新旧建筑的关系是旧校改造的关键所在。在校园中，有保留下来较好的20世纪50年代建造的清水红砖大屋顶教学楼，我们在附近设计新建筑时，考虑到20世纪80年代新建筑绝不能完全照做大屋顶式建筑，新建筑应反映时代特色，同时也应与旧教学楼取得协调、统一。在建筑物的色彩上和局部处理上尽可能地把新旧建筑协调起来。如新建教学楼的外墙采用桃红石子干黏土，新建培训楼外墙为紫红色马赛克局部窗台做成一定的坡度，新建实验楼为淡咖啡色水刷石，新建食堂为土黄色水刷石，新建图书馆为墨绿色干黏石，这些新建筑的外墙都较为粗糙，色彩也偏暖色，与清水红砖外墙的旧教学楼既统一又有变化。

2.新建筑物与校园环境创造

新建教学楼色彩明快，结构轻巧，新建实验楼色彩稳重、丰富，外墙抽象化标志反映了学校的特色。新建图书馆室内外环境丰富，新建食堂结构外露，造型别致，新建培训楼立面丰富，有立体感，与大屋顶教学楼色彩协调。另外，各建筑物之间高低错落，各有特色。建筑物周围树木、假山、花架、坡地、道路密切结合，创造了一个开创的、多变的、自然的大学校园环境。

3.2.3 图书馆单体设计

开敞式图书馆是近年来在高等学校内发展较快的一种建筑形式，开放的办馆指导思想为读者和工作人员提供舒适的、优美的室内外环境，并适应图书馆的不断改善、发展，使之既有调整的灵活性又有扩建的余地。图书馆1985年设计，1986年10月竣工。建筑面积7400m^2，总高度35m。这是一幢带内天井的高层开敞式图书馆。

1.室外——形状、色彩、绿化

学校现有98亩用地，近几年先后建造了新教学楼、实验楼等新建筑，新图书馆平面布置、体形高度以及与周围建筑的关系是整个学校总体布局中的一个重要问题。它的高度同四周教学楼、实验楼等建筑既要有一定的对比和连续，同时本身又要有高低错落。我们将它分为三部分，阅览主楼7层，书库5层，行政办公部分3层。这样，站在新建图书馆的四周，无论从哪个角度来欣赏都有较好的体形与周围教学楼、实验楼相互联系，共同组成一组中心建筑。新建图书馆外墙色彩以墨绿色为主，干黏石面层，局部用白色马赛克，使得整幢建筑协调有变化。在教学楼、实验楼、图书馆之间形成一块中心绿地，适当布置花坛、水池、假山、雕塑、翠竹、黑松、黄杨等，造成一个良好的室外绿化环境。

2.室内——功能、光线、质感

建筑采用以开敞式阅览室为主的方形平面。书库与行政办公部分紧挨主楼两侧。为了利于通风采光，主楼中间挖掉一块楼面，形成天井式空间，楼梯平台悬挑在天井中间，以丰富天井景色。钢结构天窗设在7层屋顶上，即使刮风下雨，在室内看书学习，不受干扰。阅览室采用全开架、半开架结合，辅助书库设在两边阅览室中间，这样就能提高图书的使用效率，减少经常进出基本书库次数。教师、研究生能自由进出基本书库，在近窗的地方设有阅览桌，方便了广大教师。在层高设计上，底层阅览室层高采用4.8m，2～7层采用3.9m，书库每层层高2.4m。阅览主楼与书库有三层可连通，方便了工作人员与阅览者快速进出书库。

主楼底层室外踏步至室内进厅到内天井，全部采用红缸砖铺地，使人从室外到室内感到自然、亲切。底层两边墙面用土黄色泰山面砖，电梯门框用大理石，给人以质朴、宁静之感。内天井四周柱头贴白色无釉面砖，这样既增加了内天井亮度，又可使人感到比较丰富。主楼梯两边实墙同样采用土黄色泰山面砖，两边室内花台用白马赛克贴面，绿色攀缘植物可在上下花坛之间联成一片，给内天井带来生气和活力。室内木门和扶手一律用深咖啡色腊克，与墙面、柱面较粗的质感形成明显的差别。

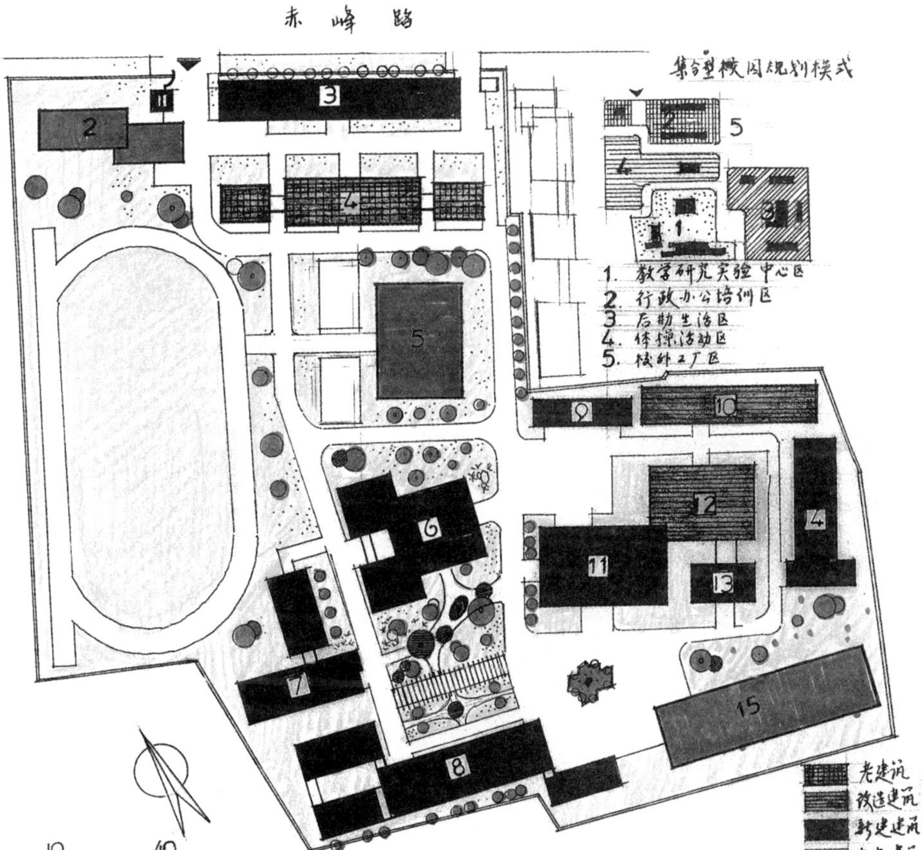

1 门卫
2 学生公寓
3 培训楼
4 办公楼
5 体操房
6 图书馆
7 实验楼
8 教学楼
9 车库
10 教工宿舍
11 新食堂
12 老食堂
13 锅炉房
14 后勤楼
15 实验楼

总平面规划图

图书馆

图书馆入口

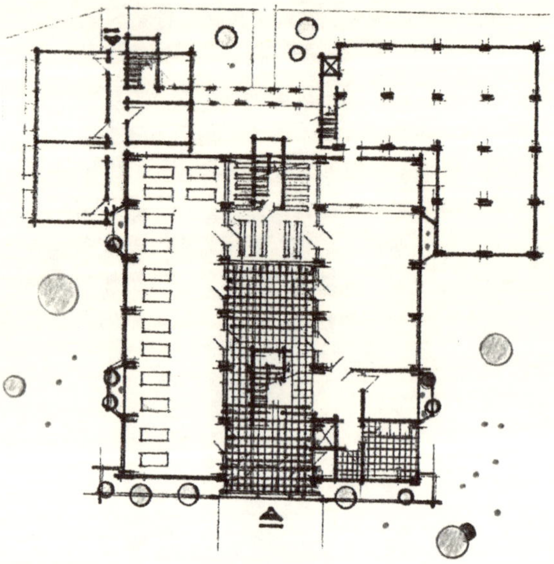

图书馆底层平面

实验楼

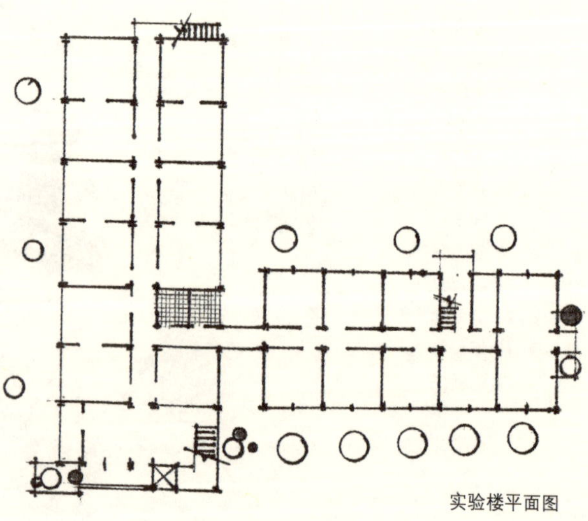

实验楼平面图

教学楼

教学楼入口

食堂

校园环境之一

校园环境之二

校园环境之三

3.3 新旧环境的协调与创新——浙江省余姚市大世界商城规划与设计

3.3.1 主题构思

余姚大世界商城位于余姚市府前街以南、原市府大院内。这里环境幽雅，名胜古迹较多，其中文献名邦匾和古荷花池就有好几百年的历史。基地西部的秘图山，高低错落，岩石裸露，极有特色。基地四周也多是古老民居，特别基地南面的舜江楼，历史悠久，是省重点文物保护建筑。我们认为在这样一个历史文化场所进行商业建筑的规划与设计，必须尊重历史，在造就一个新的商业环境的同时，应当创造出一个新与旧、经济与文化、传统与创新、既有对比又相互协调的场所。

3.3.2 功能分区

商业区、娱乐区、文化区、交通环境区有机结合，基地东部为文化区，南部、西部为商业区，北部为娱乐区，内部商业街为交通环境区。整个功能分区以商业步行街为中心。其中以古荷飘香为主的下沉式广场也是整个基地的中心广场和景观高潮。

每个分区既有各自的出入口，又与基地四周街道相接，同时还与内部商业街密切结合，功能明确，行走方便，机动车与非机动车的停车场设在每个主要出入口边上，方便前来购物、游玩、观赏的人们。

3.3.3 流线组织

景随步移，情景交融在交通流线组织中非常重要，基地南端设主要入口，与舜江楼取得轴线关系，保证了这一地段空间构图的逻辑性与完整性。主要人流从南面和西面进入商业街，到达商城的各个部门，也可以通过设在商业街中的自动电梯、室外楼梯和空中走廊到达商城的每个部门。在整个商城的每一流线的转折部位，我们都留有较大的空地或绿地，以便人们在此停留、休息和观赏，以及解决人流的集中和疏散。

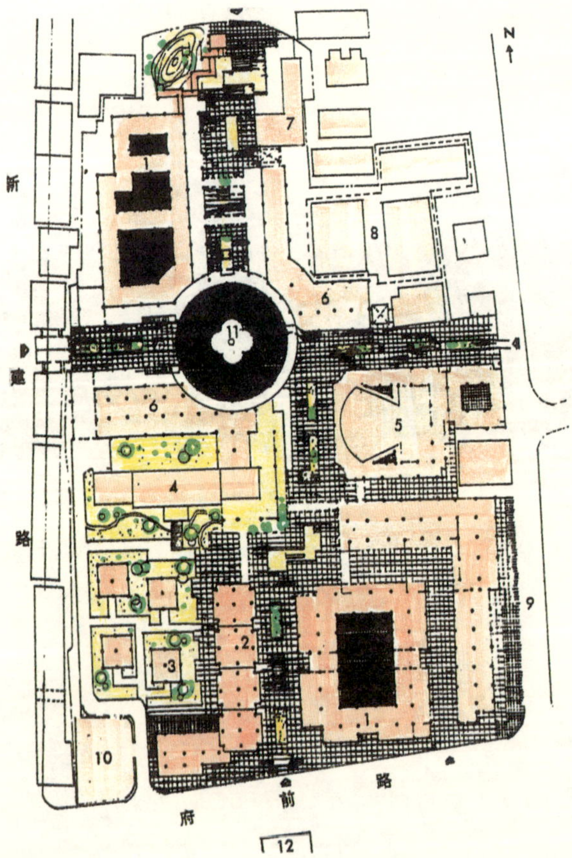

1 商场
2 精品商场
3 酒楼
4 原楼改造宾馆
5 影剧院
6 饮食小吃
7 电子游戏城
8 室外游乐场地
9 自行车停车场
10 机动车停车场
11 古荷花池
12 舜江楼

商城底层总平面

3.3.4 空间处理

水平空间和垂直空间互相交融，在兼顾功能分区、流线组织的同时，步行街的空间处理采用了“空架”的处理手法与“街道”—“广场”的设计理论。由南部出入口进入步行街，一个个空架将步行街两侧建筑连成一体，且能随光线的变化造成不同的光影效果。在步行街人流集中处，布置了圆形下沉式广场，使空间富于变化。在各主要出入口的处理上，强调各具特色：南部主要出入口将“文献名邦”匾朝南布置在出入口标志上，与舜江楼互为映衬，显示了步行街地段悠久的历史渊源；西部出入口用玻璃顶棚，色彩鲜明，以吸引新建路上的游人；北部入口结合所堆山丘，设置廊亭结合的摄影部，以与秘图山的园林意境相符。恢复基地内三处历史景点，其一为“文献名邦”，将其改作向南布置；其二为“古荷飘香”音乐喷泉，设置在改建后的荷花池中央；其三为“秘图遗踪”碑，设置在新堆的北入口西侧山坡上。

为美化购物环境，加强步行街的空间特色，在步行街内点缀了多种实用性与艺术性兼具的建筑小品，为丰富步行街的文化内涵，增加吸引力，设置了休息坐椅、小型钟塔、指示牌、电话亭、阅报栏、游廊、风铃、浮雕等；此外，为方便购物和丰富景观效果，配备了多部室内外自动扶梯与步行天桥，游人可从室外直接进入二层购物，也可从步行街一侧通往另一侧，结合荷花池的改建，在其外围设置一个下沉式广场。广场中央为改建后的荷花池，中设以荷花为主题的音乐喷泉。广场四周布置坐椅、洗手池、饮水台等小品。广场上空覆以透空平台，平台中央再设透空的玻璃顶棚，平台周围设置坐椅、茶座，供游人休息、眺望，也是留影、观赏演出的极好场所。平台向三个方向伸展，可直接进入广场周围商店的二层，既增加了商店的铺面长度，也为经营单位分层设置经营项目提供了条件。更重要的是在增加投资不大的情况下，满足了游人“人看人”的心理需求，减少了他们的体力消耗，并使得整个步行街的空间效果具有向上的变化，具有独特的个性和吸引力。

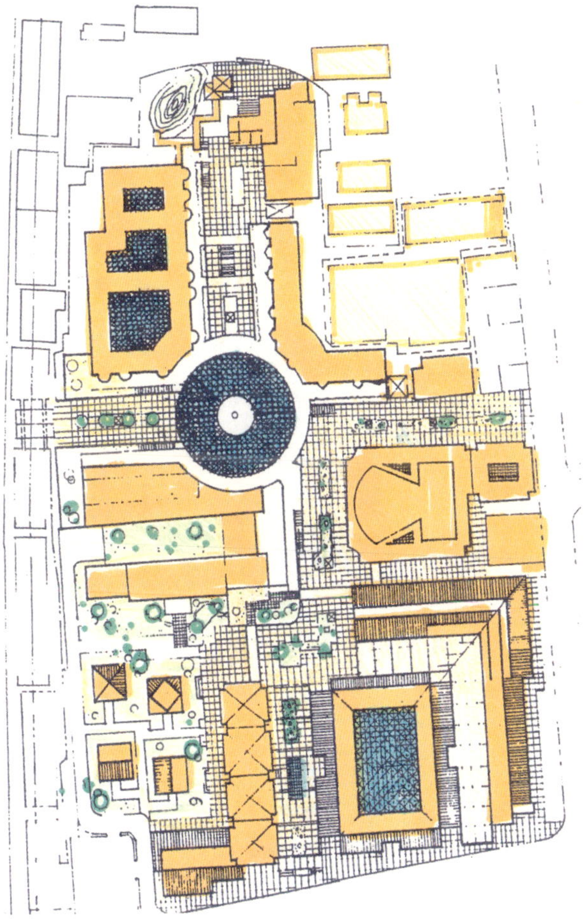
商城顶层平面

3.3.5 结构形式与材料

传统材料与最新建材混合使用。

商业中心主要采用框架结构，6m×6m柱网，底层层高5m，二层、三层、四层层高均为4m。商业中心为坡屋顶，与古建筑舜江楼取得协调。精品屋顶为钢架四锥形斜面玻璃，反映出建筑“高科技”风格。酒楼部分为四个不同坡度的斜顶，分别标志着中国的四大菜系。其他建筑大部分为平屋顶，局部檐口适当加以装饰。商业中心四周内立面采用挑台、阳台、平台相结合，使人们在商场内行走和休息时，能看到其他商场内的活动情形，增加了商场内购物的热烈、欢快气氛。

3.4 风景区环境与建筑——浙江余姚龙山商业广场规划构思

龙山商业广场由小商品市场百货商场与部分住宅组成。坐落在风光秀丽的龙山脚下姚江边上。主要商业建筑围绕中心广场布局与沿伸，主要街道结合地形、地势布置，空间以人为本，尺度适中商业气氛良好，建筑造型结合山体以坡屋顶为主，与浙江传统建筑有一定呼应。

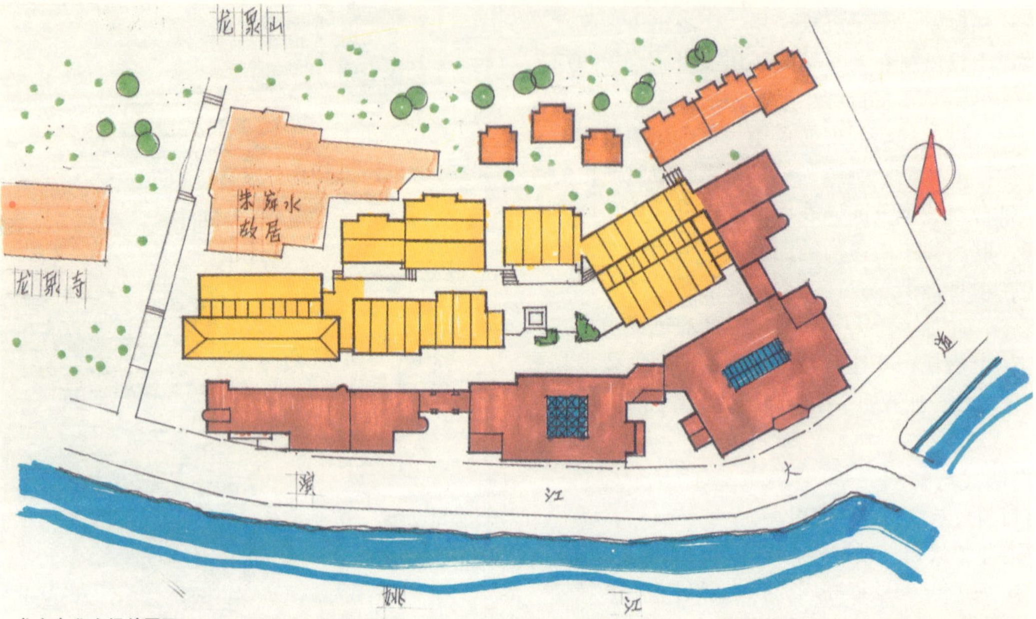

龙山商业广场总平面

龙山商业广场鸟瞰图

3.5 山东省东营市水产城规划设计

3.5.1 项目概况

1.东营市位于黄河三角洲，濒临渤海，是“海上山东”建设和黄河三角洲开发两大跨世纪工程的结合部。市委、市政府把海洋与渔业的发展列为农村经济发展的两大主导产业之一。2001年东营市浅海养殖面积已经达到49.6万亩，滩涂养殖面积发展为25.6万亩，卤虫养殖面积26.3万亩，浅水养殖面积35.3万亩，全市水产产品已达29.09万吨，主要名特优品种就达14.55万吨。但是由于我市水产市场体系建设不完善，水产专业市场建设滞后，特别是中心城区还没有一处规模大、档次高的水产养殖市场，生产与流通脱节，甚至出现“卖鱼难”现象，严重制约了水产经济快速发展。同时，建设东营水产城的市场前景广阔。四通八达的公路网，直通济南、青岛乃至天津、北京。加上东营海港的建成和东营机场的启用，必将使东营水产城成为南北货对流，周边地区水产品零售、批发的集散地。随着城乡居民消费水平的提高，从完善城市建设功能的角度出发，建设东营水产城是十分必要的。

2.东营水产城工程位于东营市西二路西侧，济宁路以南约500m，老广蒲沟以北约150m。其中一期工程基地范围四周边长分别为322m、216m、310m，216m，用地面积68200m^2。二期工程用地面积59500m^2。

3.5.2 设计思想

1.坚持以城市总体规划为依据的思想。适应东营市的经济发展战略，水产城的开发建设应以东营城市总体规划为依据，完善东营市的水产品销售，深化其功能布局，带动地区城乡建设和商业的发展。

2.坚持整体性思想。街区的用地功能、道路系统、景观环境均与东营城区相互衔接、协调，形成整体。街区的用地功能布局从整体性角度出发，考虑分期建设，做到经济效益、环境效益与社会效益的统一。

3.坚持可持续发展和可操作性的思想。高水平、高标准、高起点地进行规划设计，有效开发土地。以现代化绿色街区为规划和开发建设的目标，营造21世纪的市场环境。市场的规划建设本着统一规划、分期建设的可持续性发展原则，注重规划的超前性，兼顾开发与建设实际，使规划具有弹性和可操作性。

3.5.3 功能定位

在商贸用地上建设以水产品批发为主的大型市场。包括鲜活、干品的水产品交易大厅，各类水产品交易的租赁商店，冷冻水产品的储藏和销售，同时考虑饭店、娱乐等生活配套设施，办公设施及停车的空间和流线。

3.5.4 设计构思

1.功能分区

基地的一、二期工程分别设计了一套相对完整和独立的功能，便于分期地建设和使用。

一期工程：

1）鲜活、干品的水产品交易大厅

鲜活、干品的水产品交易大厅合二为一共同布置于基地中心，被周围的小型销售空间、水产商业街环抱。其庞大的功能体块成为统领一期水产城的重心。大厅北面布置有两块大面积的绿地，改善集中的商业环境。建筑内一层布置鲜活的水产品交易区，二层则成为可通过玻璃天窗俯瞰一楼的干品交易区。二者得到明确分割以避免不必要的干扰，同时还通过玻璃天窗共享商业环境。

2）水产品租赁销售

水产品租赁销售街在基地东面向西形成半包围趋势，沿街的建筑空间主要为一个到多个开间的水产品租赁销售商店，其线形、较小尺度的商业环境与交易大厅形成迥异的商业趣味。同时在交易大厅的西南布置有一条与室外商业硬地相结合的一层店面，完成了商业步行环的回转，还可引导与其后二期水产城的商业面延续。

3）冷库及冷冻品交易

冷库与冷冻品交易区就近布置，共同设置于交易大厅的西北，向东为其主要商业面，建筑前有一片室外活动区可扩展为临时商业区，也可提供顾客休息。

4）生活配套设施

一、二期基地之间的道路将衍生出较大的人流量，故考虑饭店、娱乐设施等生活配套设施沿线设置。一期在南面布置商业服务一条街，满足商业的配套需要。

5）办公设施

考虑到基地北面对应炼油厂，会对北面商业带来一定负面影响，故把办公设施用房尽量布置在地块北面沿线。

6）停车场

停车场设置在基地西侧，使最喧闹的市场区尽量远离西面的街区。

二期工程：

主要的商业面基本保持在中央的弧线主轴沿线，鲜活或干品水产品交易大厅布置在地块中心，生活配套设施贴近北面沿街，其他各个功能也都依附于弧线主轴。

2.交通组织

一期工程采用人车分行的交通体系。沿鲜活、干品水产品交易大厅的车行环线与外部道路贯通，作为内部的运输通道。水产品租赁销售街则在内、外的车行环流中，成为充满天桥、台阶、坡道等多种交通方式，而且尺度宜人的步行流线。

二期工程的内部运输由弧线主轴环线来支持，同时这也是主要的景观轴。商业则依附于两侧。

3.绿化景观

一期工程的绿化重点在中央鲜活、干品水产品交易大厅的外围，其北面有两片主要的景观绿地，改善商业环境。

大厅西侧的区域为绿化、硬地、建筑相结合的室外活动区，可提供机动的室外销售点，也可利用为顾客的休憩场所。水产品租赁销售街的步行环境也应有绿化的支撑，点、线结合的沿街建筑面配以局部的过街廊、沿街建筑小品，营造富于变化的商业环境。

二期工程由一条绿色的弧线主轴串领整个区域，使商业环境获得宜人的装点，同时也可设置小型建筑来支持一些配套服务或休闲活动。

在与城市道路沿线的形象上，重点考虑沿西二路的入口立面，及一期工程南面的沿街面。前者由于面向城市干道具有重要的形象标志感，通过局部升高为三层、入口处设计背景连廊等办法加强体量与纵深感。后者则加强虚实变化以增加商业吸引力。

3.5.5 电气设计

1.负荷估算

	一期	二期
1）照明：	573kW	600kW
2）空调：	150kW	220kW
3）动力：	50kW	200kW（包扩冷库150kW）
4）其他：	50kW	50kW

合计：　1893kW　乘以参差系数0.7　P=1325kW

选800kVA变压器二台

2.电源

1）由供电局提供一路10kV高压电源为常用电源。

2）由供电局提供220/380V低压为备用电源，主要用于消防系统。

3.供电系统

1）本工程属三类负荷。

2）高压配电室、变压器室、低压配电室均设于水产城变配电间。

3）消防系统及部分公共照明属一类负荷，在线路末端常用和备用线路经行自切。

4.配电系统

1）高压柜采用金属铠装式开关柜，干式变压器，抽屉式低压配电屏。

2）照明：本水产城设有普通照明，事故照明，应急疏散照明，办公及生活配套以采用日光灯为主。交易大厅及交易市场以金属卤化物灯为主。照明照度为150～300lx。

3）敷线方式

从城内变电所引至各建筑物电源，采用YJV22−1KV交联聚乙稀电力电缆直接埋地敷设。

鲜活交易大厅为玻璃钢屋面，由厅内配电箱引至照明及动力用电线路采用BV−500型铜芯塑料线沿线槽和电线管在钢屋架下弦敷设。管外刷防火涂料，其余钢筋混凝土结构楼房由各单体配电箱采用BV−500型铜芯塑料线穿阻燃性塑料管沿墙或埋地暗敷。供电方式为树干式送至各层配电箱，从各层配电箱引至用电设备采用放射式供电方式。

4）保安措施：

本系统采用TN–S接地系统，凡不带电的金属设备外壳均作接零保护。

本设计采用联合接地，其接地电阻不大于1Ω。

本设计设专用接地线，导线颜色为黄/绿色。

5）防雷接地：

本工程为三类防雷设计，屋面采用25X4镀锌扁钢沿女儿墙敷设成避雷带，引下线利用柱内至少二根（ϕ16）钢筋与基础钢筋相焊接。

本系统为联合接地，其接地电阻不大于1Ω。

5.消防系统

对水产城内饭店及娱乐场所采用集中报警设施，在城内设置一间消防控制中心，按各房间使用功能设置烟感或温感探头，并按消防分区布置手动报警按钮，警铃及重复，一旦发生火灾，消防中心接到报警后能立即启动消防泵、喷淋泵，并发出报警信号。

6.弱电设计

电话系统：

(1)大楼在二层设总机房一间。

(2)从电话交接间采用3根ϕ76钢管埋地引至室外，预留电话局进线。

(3)电话设置联合接地系统。

CATV系统：

(1)底层留有G32钢管一根埋地引至室外与当地有线网联接。

(2)在每间寝室及有关教室设置有线电视终端盒一只。

3.5.6 给水排水设计

1.给水工程

1）水源情况：

本工程为新建工程，采用城市自来水管网作为基地给水水源，分别从西二路、南一路引入两条DN250给水管网在基地内形成环管，从其中一路上接出一路DN150并加装水表作为生活给水管。

2）给水量估算：

基地最高日用水量为600m^3/d，最大时用水量为65m^3/h

本工程消防用水量：

室内消火栓用水量为40L/s

室外消火栓用水量为30L/s

室内自动喷水灭火系统作用面积用水量为25L/s

3）消防给水系统

本工程室外消防管网为低压系统，采用地上式三出水消火栓，由基地环状消防管网直接接出，并保证其间距不大于120m。室内消火栓系统：采用稳高压给水系统，由消防主泵、稳压泵、稳压罐、水泵接合器及管网组成。

自动喷水灭火系统：水产城内饭店及娱乐设施等考虑设置自动喷水灭火系统，采用稳高压给水系统，由喷淋主泵、稳压泵、稳压罐、湿式报警阀、水流指示器及管网组成。

室内按规定配置手提贮压式干粉灭火器。

2.排水工程

本工程排水系统为雨、污水分流制。

雨水按山东暴雨强度计算，设计重现期为一年。雨水在基地内汇合后一部分就近排入市政雨水管网，另一部分排入基地南面广蒲沟。

污水汇合后经地埋式污水处理站处理后排入基地南面广蒲沟。

3.材料

1）室内给水管道采用钢塑复合管，沟槽式连接；排水管道采用排水硬聚氯乙烯管，粘接。

2）室外给水管道采用埋地给水用硬聚氯乙烯管；排水管道采用UPVC超强筋埋地排水管，橡胶圈承插连接。

3）消防管道采用热镀锌钢管，丝接、丝口法兰或卡箍(沟槽式)管接头。

3.5.7 经济技术指标

总用地面积：127730m²

一期工程：

总用地面积：	68200m²
建筑占地面积：	27960m²
建筑密度：	42.1%
总建筑面积：	42720m²
鲜活交易大厅建筑面积：	5800m²
干品交易大厅建筑面积：	4120m²
水产租赁店面建筑面积：	23600m²
生活配套设施建筑面积：	6600m²
办公建筑面积：	2600m²
分装加工交易区建筑面积：	1055m²
公共建筑面积：	1000m²
容积率：	0.61
停车位：	224
绿地率：	22%

二期工程：

总用地面积：	59500m²
建筑占地面积：	26770m²
建筑密度：	44.8%
总建筑面积：	33965m²
鲜活交易大厅建筑面积：	4360m²
干品交易大厅建筑面积：	2235m²
水产租赁店面建筑面积：	14985m²
冷冻品交易区建筑面积：	2180m²
冷库建筑面积：	1840m²
生活配套设施建筑面积：	6310m²
容积率：	0.57
停车位：	204
绿地率：	23%

	占地面积（hm²）	总建筑面积（万m²）	居住人口（人）	公共绿地（hm²）
ZXQ–A	69.43	95.26	1.83	6.64
ZXQ–B	88.08	111.58	1.99	16.02
ZXQ–C	48.48	62.97	0.87	10.31
ZXQ–D	116.49	149.37	2.32	15.15

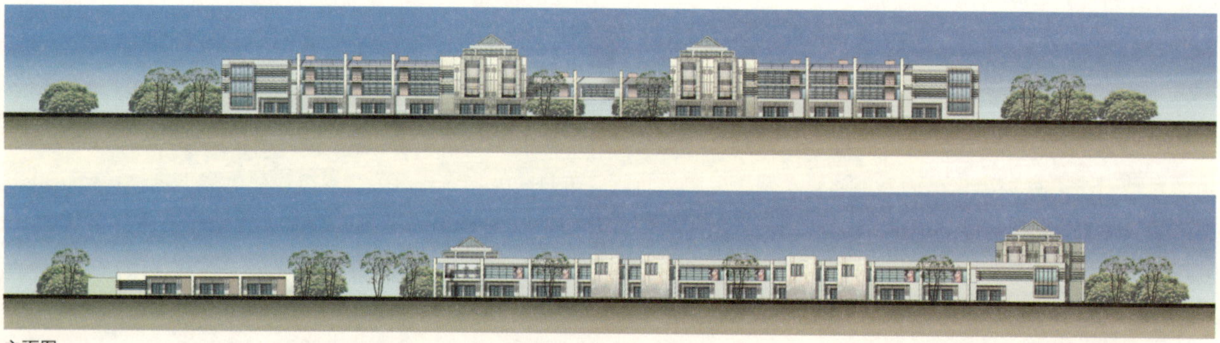

立面图

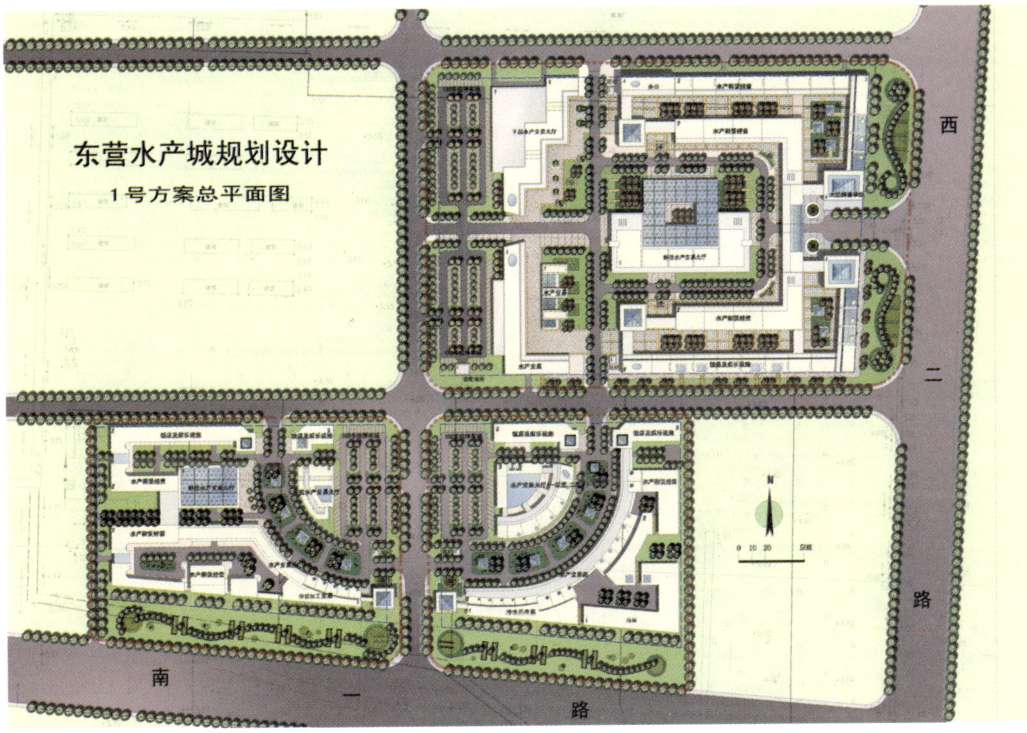

一号方案总平面

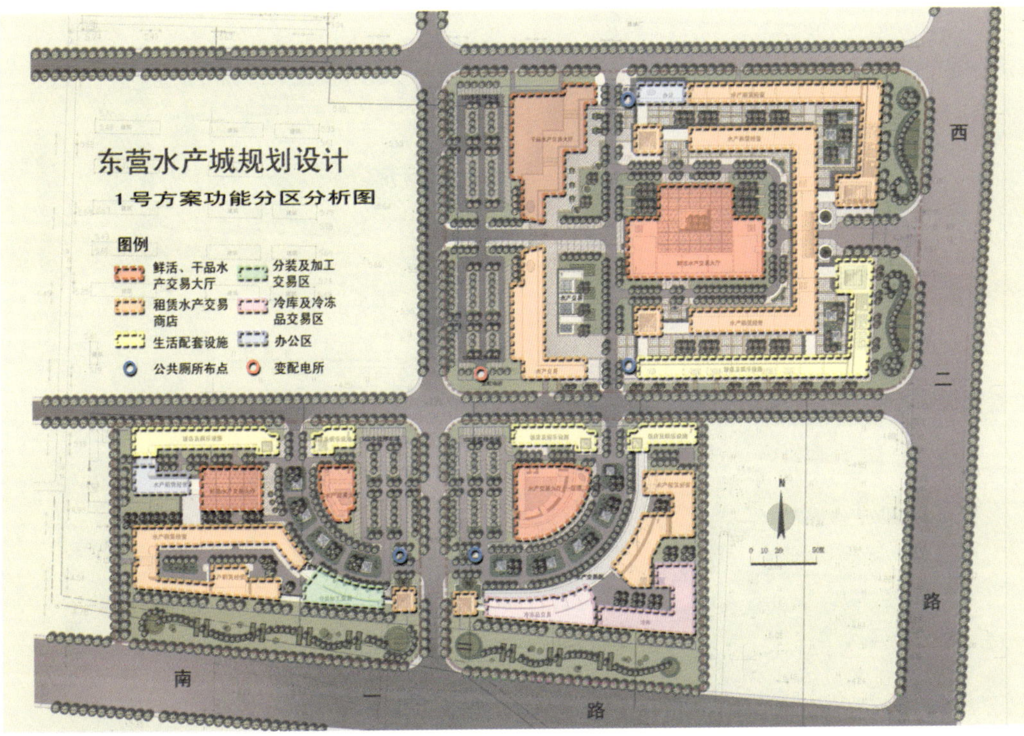

一号方案功能分区图

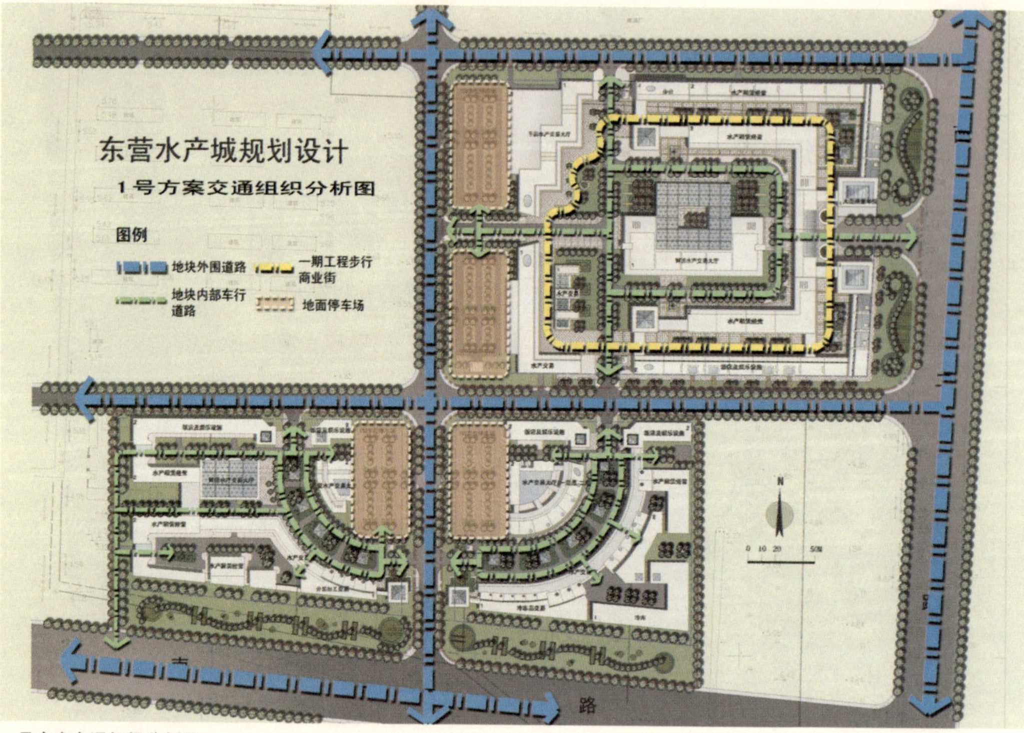

一号方案交通组织分析图

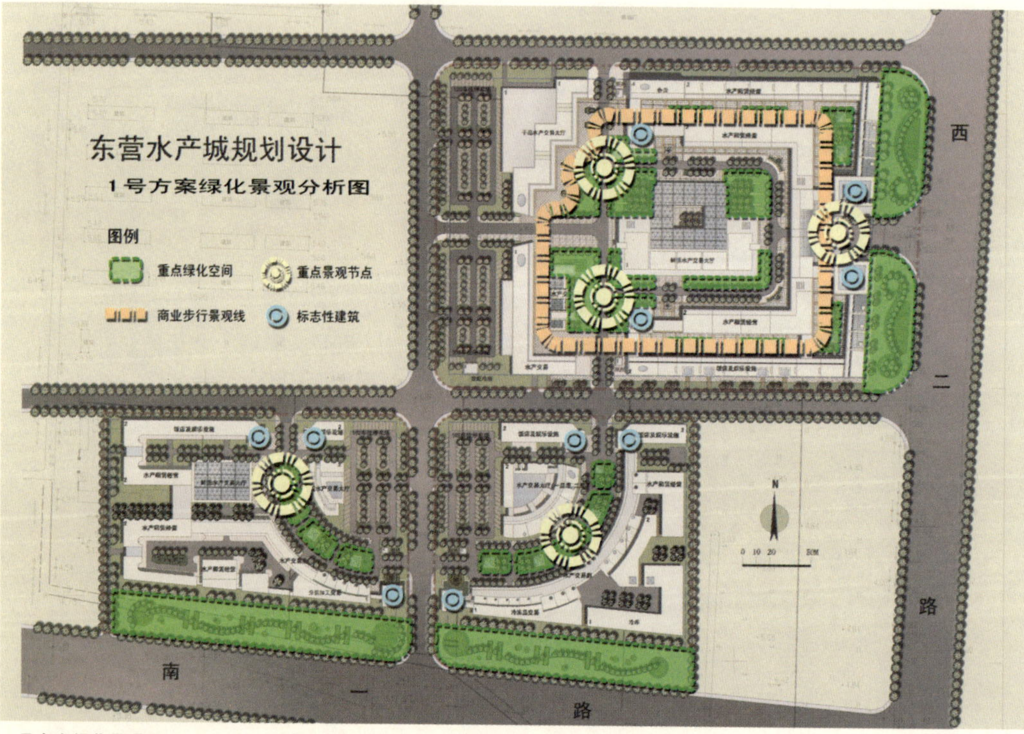

一号方案绿化景观图

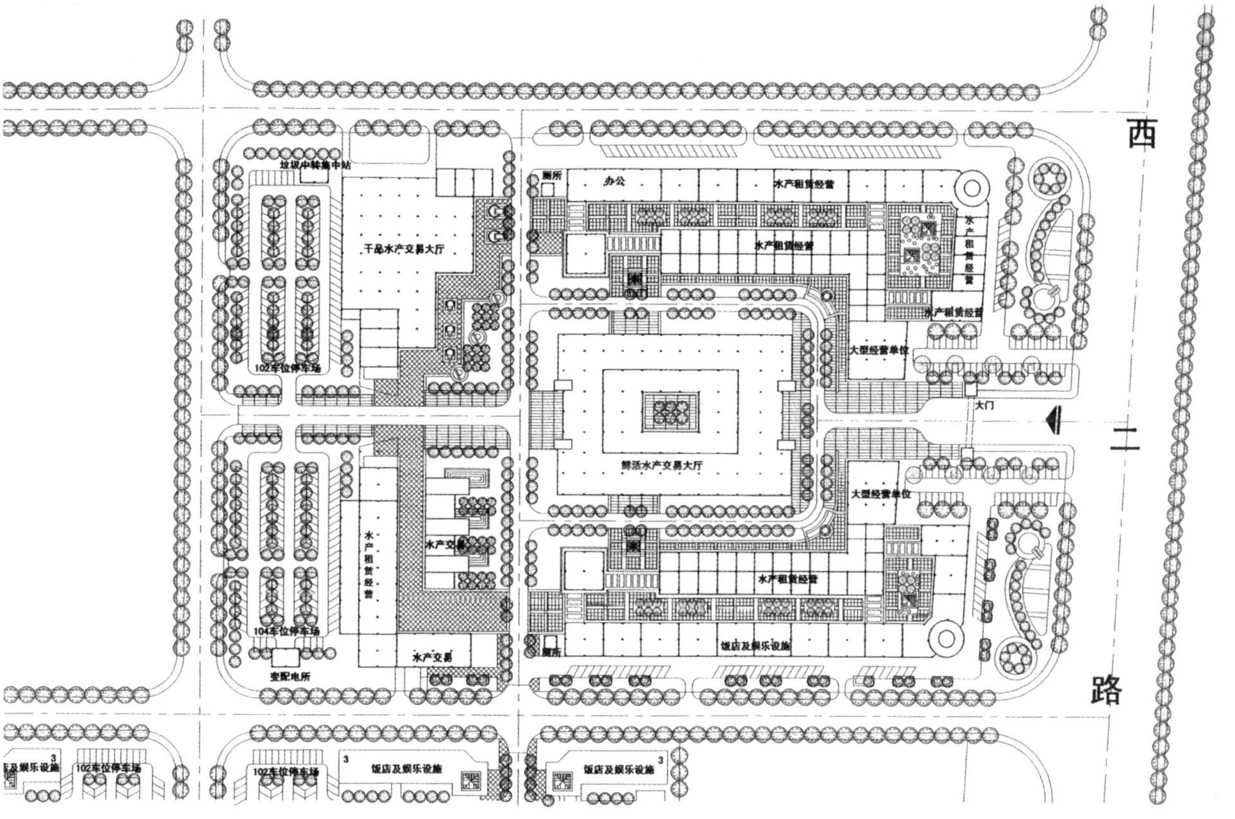
西
二
路
垃圾中转集中站
干品水产交易大厅
102车位停车场
104车位停车场
变配电所
厕所
办公
水产租赁经营
大型经营单位
大门
鲜活水产交易大厅
水产交易
饭店及娱乐设施

底层平面图

3.6 湖南省长沙市体育公寓规划设计

3.6.1 基本情况

随着改革开放的进一步深入，长沙市的基本建设越来越受到人们的重视，第五届全国城市运动会安排在长沙举行，给长沙市展示城市风貌，提供了一次很好的机会。体育公寓作为长沙新世纪体育文化中心，是运动员、居住、休闲、健身的良好场所。体育公寓建成以后，在五届全国城市运动会期间，它不但要得到广大运动员、教练员的喜欢，同时在运动会结束以后，还要成为长沙市民居住的优美场所，它是21世纪长沙市居住小区，体现居住空间理想的一个样板。

3.6.2 基地概况

体育公寓小区坐落在长沙市芙蓉中路以西，贺龙体育馆以东，紧靠劳动路和芙蓉路转角处，交通便捷，使用方便，周边大型体育场、文化馆、大型超市，为运动员和市民提供了一个非常方便的体育文化活动环境。

3.6.3 规划设计理念和总体布局

运动健身、休闲养生、安居乐业，这是我们体育公寓规划设计的基本理念。小区共有6幢点式高层和8幢条式小高层错落组合，小区内部不但高低错落变化，同时这一组建筑群，也是新世纪体育文化中心的一个高层景观群，它与边上新改建的体育场，共同组合成为一个新的体育休闲居住的优美场所。小区内部道路结构明确，人流车流合理分流，互不干扰，车库基本设在小区中央绿地下面，因此地面上，休闲活动安全方便，白色帐蓬下的各种活动空间，即使刮风下雨，也能提供给人们遮风挡雨的一个良好场所。另外小区内高层、小高层底层全部架空处理，使得居住小区内部空间开敞、流通，室内、室外环境形成一体。

3.6.4 单体功能

高层公寓一梯四户，大庭大房间，每间房都有明亮的采光，流敞的通风。小高层一梯二户，通风采光更佳，房间前后视野开阔，景观极佳，顶层设计了复式住宅，每户有二层楼面，室内空间丰富多变，每户又有一个晒台，种花养鱼自得其乐。高层、小高层地下2层可设设备用房和少量自行车库，中央绿地下面的大型车库与高层地下二层库房连成一起，方便居住人员用车。

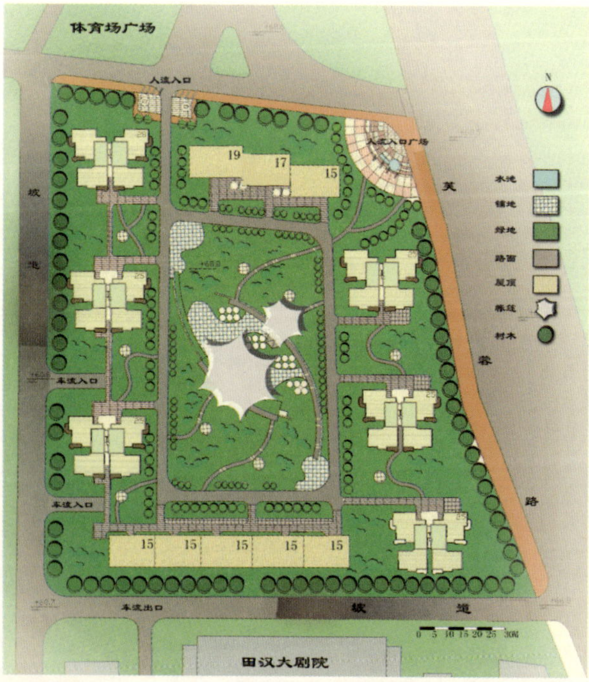

总平面图

鸟瞰图

单体高层透视图

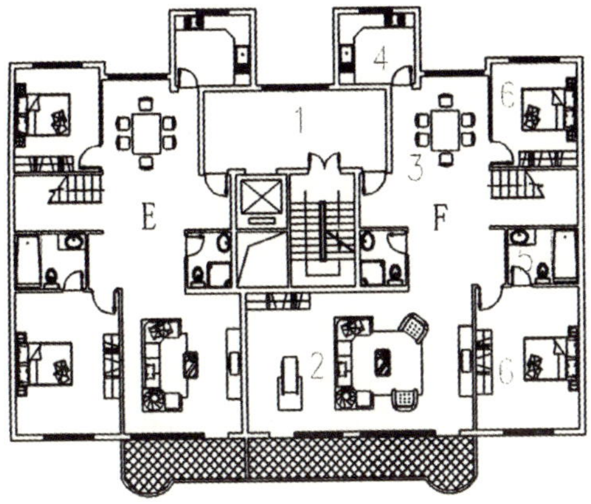

复式底层平面图

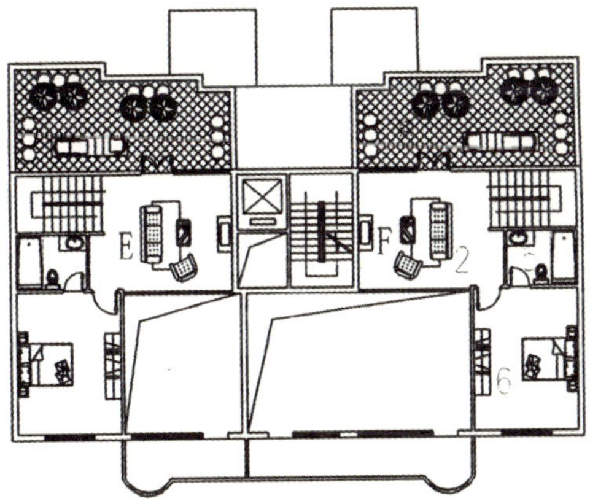

复式顶层平面图

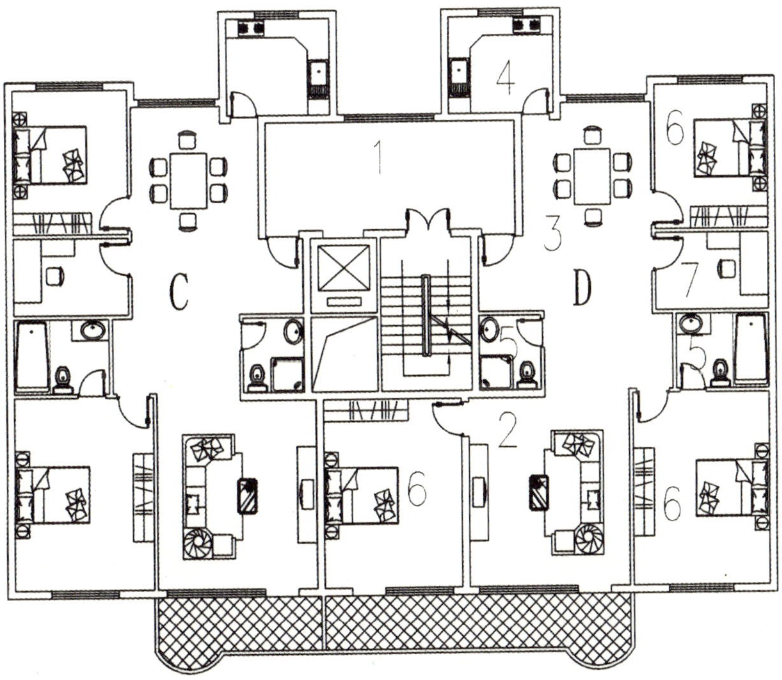

标准层平面图

3.7 商业建筑的环境与景观——江苏省连云港市中德商业广场规划设计

3.7.1 基地概况

本基地位于连云港市新浦区商业中心区，东临通灌路，西临轻工商场，南临解放路，北临市化路。总用地面积为24720m^2。用地方整平坦，周边为环形城市道路，其中南街解放中路为重要的商业街。东街通灌路为城市主要街道。

3.7.2 设计原则

1.合理地解决功能布局，发挥最大的商业市场潜能。

2.以人为本，创造舒适良好的商业购物环境。

3.造型新颖，空间丰富，注重建筑群体空间与城市设计。

3.7.3 总体布局

中德商业广场由宾馆与商场两部分组成。其中商场为3层裙房，分东西二部分，宾馆为12层，中间用连廊连结。商场与宾馆的入口可以互相联通宾馆布置在基地中部偏北位置，并在其西、北、东三侧留有一定空间的绿化广场来组织交通，宾馆南部与商场裙房连接，并由商场形成一个过街天桥式主入口。商场由东、西二部分对称布置，在基地中部连接形成天桥与南入口广场，南入口广场既是商业裙房的室外集散广场又是组织宾馆人车分流的入口广场。东西商业裙房内均设中庭，布置庭园绿化，创造室内生态环境同时也是室内休息场所；基地内商场与宾馆主要车流，停车位安排在基地北面广场，部分车位停放在商场北面夹层下，宾馆底层架空层和宾馆地下车库，地下车库战争时可改为人防，自行车停靠在商场东、西人行道边上。宾馆与商场紧密结合，形成统一的中德商业广场群落空间。

3.7.4 交通组织

建筑为四面临街商业用房，其中，南、东、西三侧均设置沿街商铺。商场主要入口分设于基地中部，基地东南、东北、西南、西北五个位置。另外两片商场北侧均设疏散出口。宾馆主入口设于南广场上，小轿车可直通底层观光电梯厅，人流可由广场2层扶梯和自动楼梯引向2层宾馆大堂，宾馆1层架空作为停车场。其车流可由南、北两个广场进入。宾馆地下行车由北广场进出。此外基地东、西二侧利用建筑退距的空地组织了自行车停车位。方便普通百姓购物、休闲和娱乐。

3.7.5 建筑平面功能

建筑由宾馆与商业裙房组成，宾馆为框架结构，核心筒居中，外围布置各功能房间，经济合理，得房率高，内走廊有直接采光。宾馆南部外墙设观景电梯二部，可由底层直通12层观光餐厅、风味餐厅。晚上3层商场屋顶花园，休闲娱乐活动场所，既是人们夜生活的活动场所，也是宾馆的对景。商场布局以店铺单元为主，局部开放空间，灵活布置，东西商场结合中庭景观，构成了人看人，人看物的热闹丰富的商业气氛。

其具体功能如下：

宾馆：

地下层：车库，战争时为人防

1层：架空层车库、厨房粗加工、观光电梯厅

夹层：设备用房

2层：大堂、酒吧……商务中心

3层：会议中心

4~10层：标准客房、套房

12层：观光餐厅、风味餐厅

商场：

1层：北面部分设车库，部分夹层设商铺。其他为：化妆品、日用品、银行、邮局，东面设医药诊所与通灌路东面医院相呼应，西面设各种小吃与原环境适应。

2层：家电，家具，服装精品等。

3层：以分隔小店铺可以出租。

3层屋顶：休闲、娱乐、观光花园空调机房组合在屋顶上。环境由甲方统一施工管理，部分娱乐用房可招商引资。

3.7.6 建筑造型

建筑造型追求建筑群体空间塑造与城市环境相结合，南广场布置在城市主干道解放中路的北侧，是大量人流的集散地，它北面有高标准的中德宾馆作背景，东西二部分，有3层商场相伴，广场中央有音乐喷泉，是建筑群体的精华。中德商业广场追求现代主义风格，引进西方设计理念，追求西式线角的精致典雅，强调商业建筑的环境与气氛，总体手法简洁明快，疏密适中，既有充分的商业氛围又有高雅的文化品味。宾馆位居广场中心，造型具备该商业区的标志性。与商场3层裙楼紧密结合但又有重点突出，观光电梯是整个商业广场构图中心。自动扶梯、观光电梯一起构成了现代化商场的景观标志。

3.7.7 结构与设备

12层宾馆采用框架结构，中央电梯楼梯部分为核心筒，观光电梯采用全透明景观电梯。3层商场为大跨度框架结构，东西商场中庭屋顶为钢网结构，透明彩色玻璃屋顶，商场和宾馆采用集中冷热空调，热泵机组设于3层商场屋顶。

3.7.8 消防设计

1.室外宾馆与商场四周设环形东道，消防车可通过南广场，东西商场联廊进入北广场。

2.室内营业厅内任何一点至最近安全出口都在20m内，中庭四周设消防火卷帘门，整个商场与宾馆设烟感报警器和自动喷淋设备。

3.7.9 技术经济指标

总用地面积	24720m^2
总建筑面积	38034.46m^2
商场面积	29809.51m^2
宾馆面积	8224.94m^2
容积率	2.4
建筑密度	45.83%
绿化率	22.61%
小汽车车位	126辆
自行车车位	2000辆

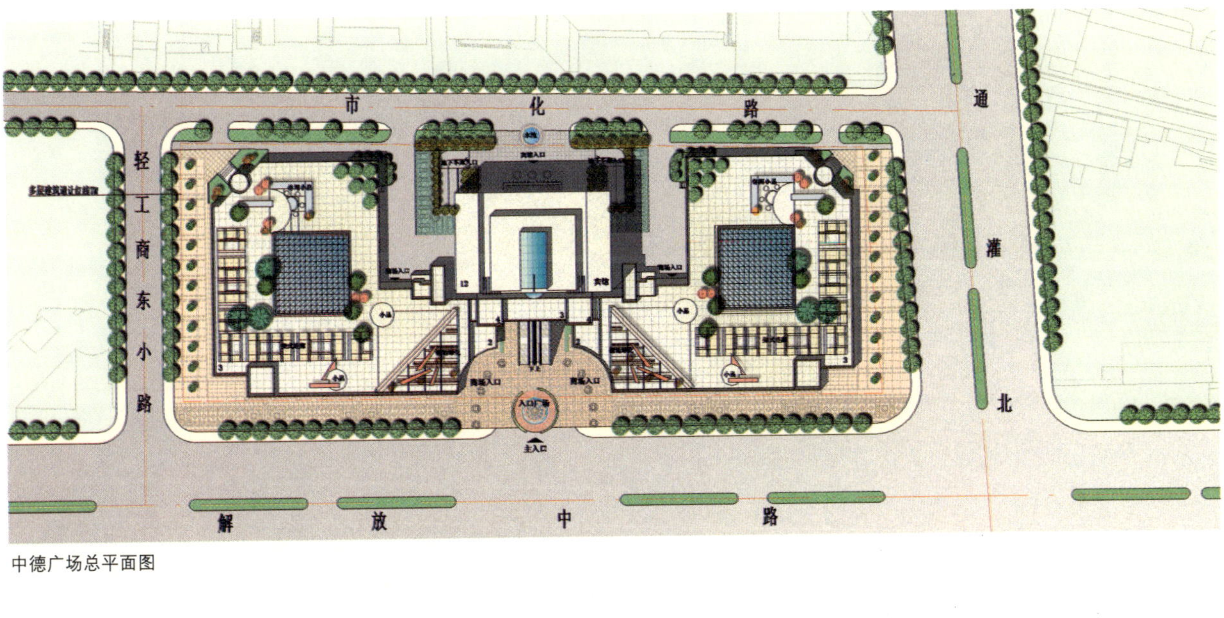

中德广场总平面图

透视图

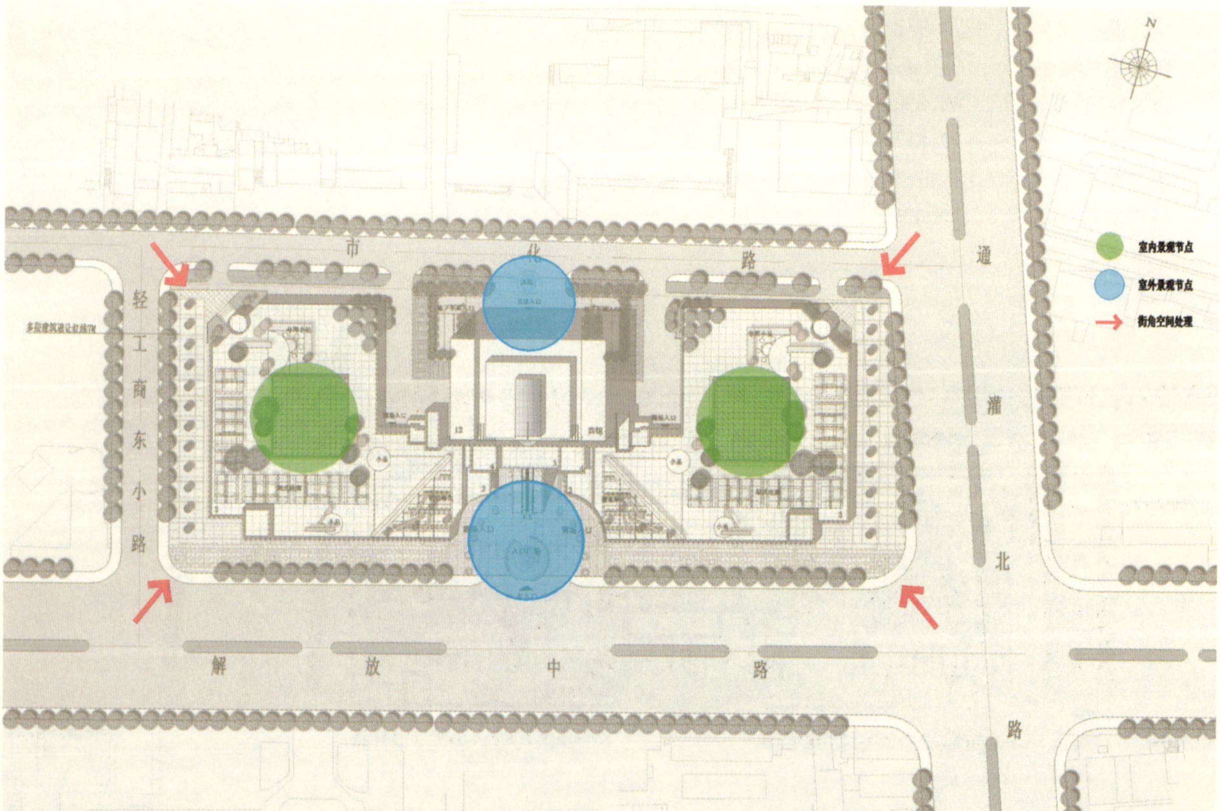

景观分析图

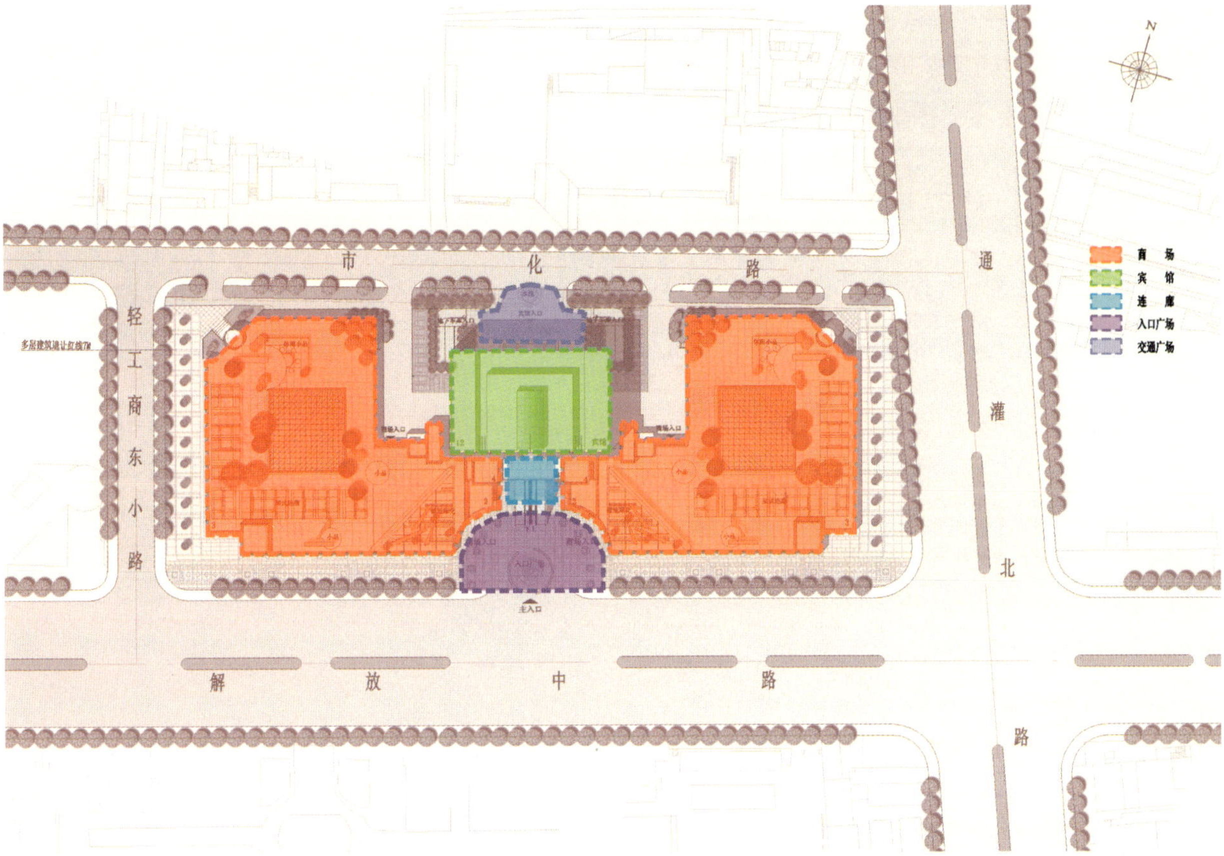
市　化　路
轻工商东小路
通灌北路
解　放　中　路
多层建筑退让红线7M
主入口
商　场
宾　馆
连　廊
入口广场
交通广场

功能分区图

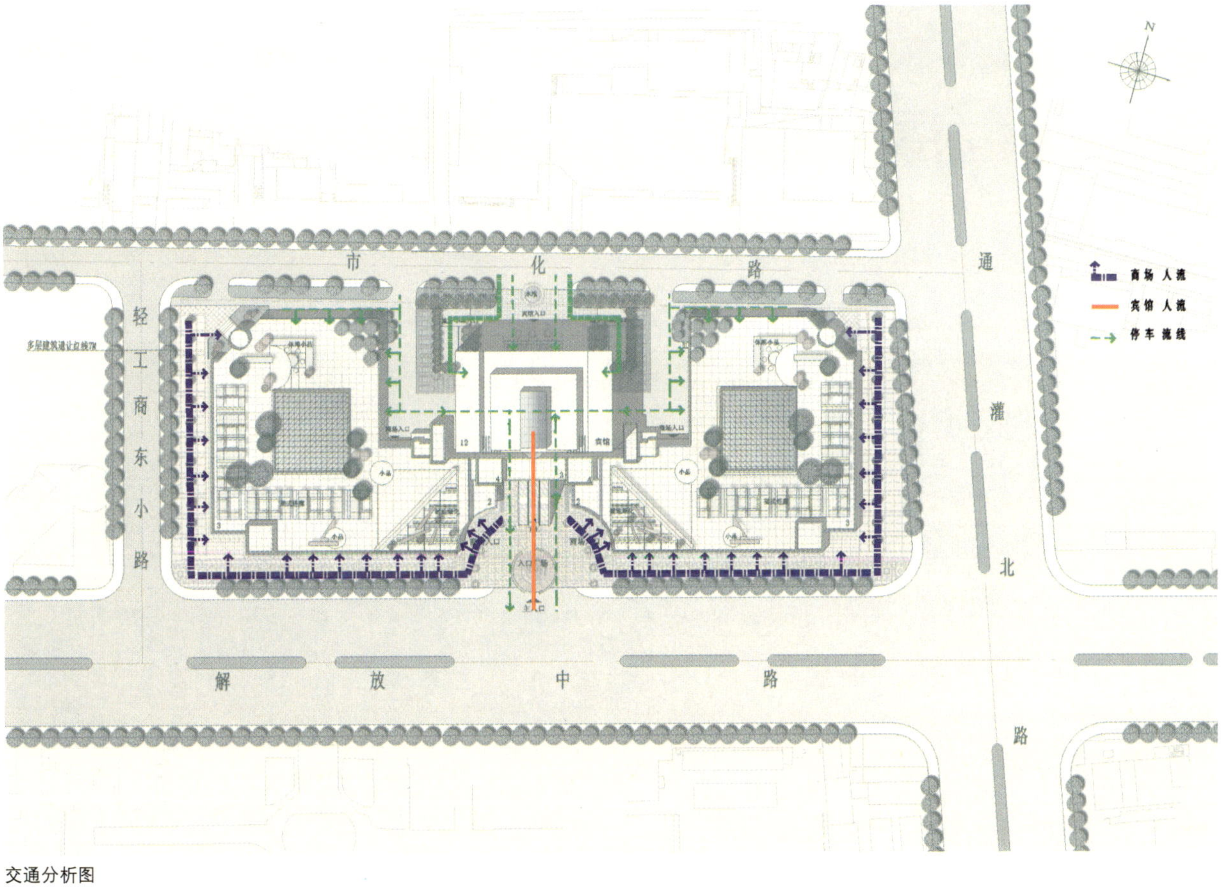
市　化　路
轻工商东小路
通灌北路
解　放　中　路
多层建筑退让红线7M
主入口
商场　人流
宾馆　人流
停车　流线

交通分析图

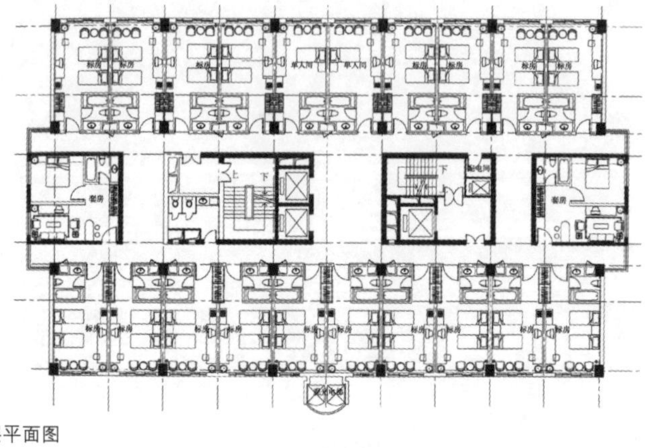
宾馆标准层平面图

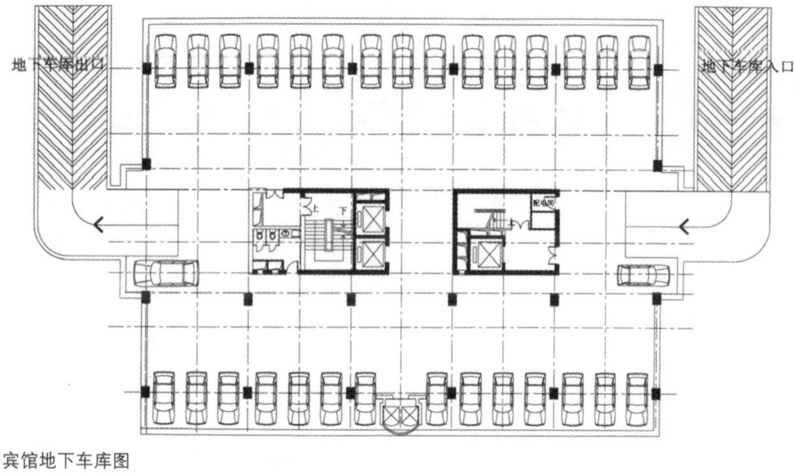

宾馆地下车库图

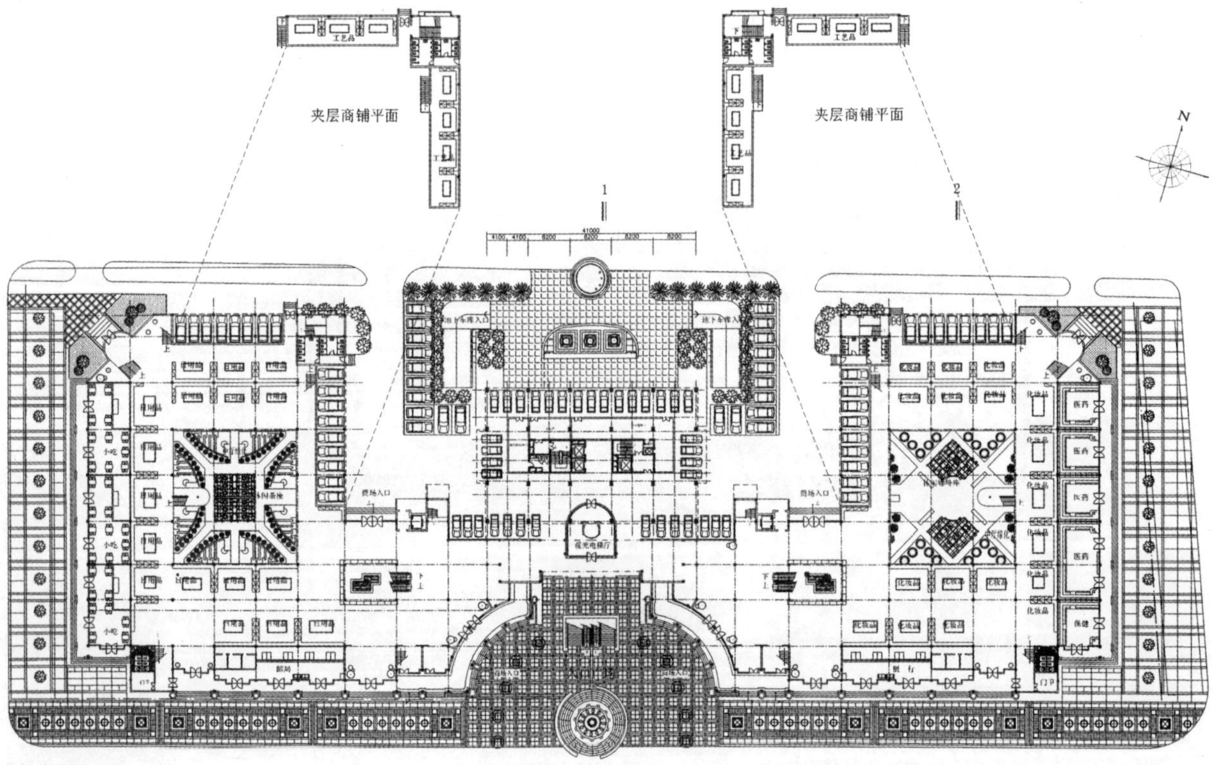

商场底层平面图

3.8 大学校园的景观与生态——江苏省南京航空航天大学江宁校区环境评估规划

3.8.1 现评状估

南京航空航天大学随着时代的发展，教研实力的积淀与增强，师生人数持续增加，使得原有建筑物在设备和空间上都已不敷使用，江宁校区作为南航对于社会与时代的适应者，承载了物质与精神的双重需求——即，它既要充分满足南京航空航天大学在今后一段时期内教学、科研及相关产业的使用要求与可能的发展空间，又必要在一个全新的校区，加强南航的大学形象、治学精神，并通过符合当今科学规范与社会习惯的手段，把一座现代化高科技学府的内在面貌推向高潮。

江宁校区校园的基地已得到确定，初步规划方案也已局部开始实施。本现状评估报告，是在初步规划及已实施项目的基础之上进行的。

表1　各校校园规模控制表

学 校		校园规模控制基本参数		人均土地面积（m^2/人）
		学生人数（人）	校园土地面积（万m^2）	
阿尔及利亚奥兰大学		10000	161	161
深圳大学		7000	100	143
德国曼海姆大学		8500	20	23.53
台湾大学		24500	100	40.8
日本东京中央大学多摩校园		20000	50	25
南航	原规划	6000	60	100
	现需要	12000	60	50

考核目前基地的红线范围，有以下特点：

1）校园面积约60万m^2，按50m^2/学生计算，由表1比较，在国内外属中等的用地规模。

2）根据《建筑设计资料集3》，土地面积应满足校园内部师生课间交往以步行为主，一般课间活动时间为10～15min，

即 80m/min×10min＝800m(r)

80m/min×15min＝1200m(r)

校园中心合理课间活动半径为5min步距：

即 80m/min×5min＝400m(r)

现有基地北部学生宿舍区与南部教学用房距离不超过1200m，校园中心区的教学、实验、图书功能紧密结合，能够满足5min的步行活动范围，故现有基地尺度及原有规划的中心区块定位是相当得体的。

3.8.2 现有土地利用总体布局评估

1.土地利用定额比较

表2　土地利用定额比较表

	学校规模（人）	校舍建筑用地（m^2/人）	体育用地（m^2/人）	集中绿地（m^2/人）	总用地（m^2/人）
规范推荐定额	9000～15000	44	11	5	60
江宁校区原规划	6000	65.83	23.50	11.67	100
	12000	32.91	11.75	5.84	50

2.结合新校区的用地特征，江宁校区属于郊区校园，采用主集中式的校园构成方式，教工区在学生宿舍扩大的情况下设于校园外。此构成方式适合在完整区域上的兴建。其优点特征是：校园内各个分区组成的系统较为完整，易形成网络化、整体化的规划体系；各分区与中心区联系基本独立而便利；工程管线投资少，维修、经营方便；还可达成校园分期和分批建设的需要。

但某些功能，例如外迁的教工区，与校园的关系需要考虑和完善，提供校园内部就近的餐饮和休息。

3.现在总体布局的主要问题在于：北部规划密集，南部内容稀少，造成校园整体利用的不均衡。建议进行适当调整，通过几期工程的完善，使各片校园土地都得到充分利用。

3.8.3 建筑规模评估

1.总建筑面积

根据《普通高等学校建筑规划面积指标》，各校都必须配备的十三项校舍中，教室、图书馆、实验室实习场所及附属用房、风雨操场、校行政用房、系行政用房、会堂、学生宿舍、学生食堂、教工食堂、生活福利及其他附属用房等十一项校舍均应采用以学生人数计的学校规模为其规划建筑面积指标的基本参数。据该指标，对南航江宁校区这样的工科为主的大学校园，作出如下控制：

表3　十一项校舍规划面积总指标

学校类别	学校规模（人）	十一项校舍总指标（m^2/人）		
		用自然规模计算	用折算规模计算	总计
工科大学	2000	27.49	3.69	31.18
	3000	25.84	3.45	29.29
	5000	24.07	3.22	27.29

按12000人规模计算，十一项校舍总指标应不大于25m^2／人。

江宁校区总建筑面积约30万m^2，人均25m^2/学生。实际上，十一项校舍中的教工宿舍等由于移植校园外而不包含于其中，故江宁校区对应的十一项校舍总指标（加入园外校舍）应高于25m^2／人，完全满足总指标。

表4　各校建筑面积比较

学校		学生人数（人）	建筑面积（万m^2）	人均建筑面积（m^2/人）
国内	深圳大学	7000	21	35
	南京航空航天大学江宁校区	12000	30	25
	台湾大学	24500	49.6	20
国外	瑞士洛桑联邦工业大学	3000	13.6	45
	德国莱尼里大学	2200	3.5	16
	阿尔及利亚奥兰大学	10000	14.8	15
	日本东京中央大学多摩校园	20000	18	9

由表4及各大学建设资料分析，江宁校区校园建筑面积30万m^2，按25m^2/学生，在国内外是较高的。同时，现规划的建筑面积还为今后适应发展预留了一定的空间。

2.各项建筑内容评估

表5　高校校园推荐分区建筑系数建筑面积系数4%

分 区	用地比例		建筑系数		建筑面积系数
	总计	不计教工区	总计	不计教工区	
教学科研区	28～30	39～42	20～25	26～32	80～120
教工生活区	28～30		20～25		80～120
学生生活区	15～18	21～25	20～25	26～32	80～120
后勤生产区	8～12	11～17	25～30	32～39	30～60
文体活动区	12～15	17～42			

表6　江宁校区校园分区建筑系数建筑面积系数

分 区	用地比例	建筑系数	建筑面积系数
教学科研区	34.17%	39.67%	130.82%
学生生活区	23.78%	36.12%	186.78%
后勤生产区	7.85%	22.21%	42.23%
文体活动区	34.2%	2%	20.56%

由上两表比较可知，江宁校区校园的教学科研及学生生活区目前规划中比例已相当大。要提供先进、高质的学习环境，后勤配套设施，尤其是学生的文化交流与课余活动的设计，还应进一步加强。

按功能分类逐项分析原规划建筑配置情况：

1）教室

南京航空航天大学基本属于工科大学。按照《普通高等学校建筑规划面积指标》，各科教室的建筑面积定额为：

工科——3.40～3.60m^2/生

按最高标准计算，教室面积：3.60m^2/生×12000生=43200m^2

规划中中心区北部教学楼12400m^2，及其配楼面积可达17000m^2；中间教学综合楼53000m^2内教室面积25000m^2左右。教室校舍总建筑面积超过42000m^2，已接近教室校舍面积的最大指标（不得超过）。

2）实验、实习车间及附属用房

按照《普通高等学校建筑规划面积指标》，各科实验室、实习工厂及附属用房（不含计算中心）的建筑面积定额为：

工科——5000人规模——6.65～7.00m^2/生

按最高标准计算，需面积：7.00m^2/生×12000生=84000m^2

由于科目实际情况不同，以上定额只作为参考。但现除中心区实验楼12000m^2，民航基地5000m^2，几栋教学科研楼还需分担大量的功能面积。这一部分面积有待进一步落实，并需在松散的校园南部整理出更多的实习空间。

3）图书馆

按照《普通高等学校建筑规划面积指标》，各科图书馆的建筑面积定额为：

工科——5000人规模——1.61m^2/生

按此标准计算，需图书馆面积：1.61m^2/生×12000生=19320m^2

现图书馆置于53000m^2的中间教学综合楼内，在建筑设计中注意达成定额指标。

4）文体活动设施

按照《普通高等学校建筑规划面积指标》，对风雨操场有建筑定额指标。

表7 规模大于5000人的一般或重点非体育院校风雨操场规划建筑面积指标

学校自然规模（人）	风雨操场建筑面积（m^2）	风雨操场指标（m^2/人）
8000	3200	0.40
10000	3800	0.38
13000	4550	0.35
15000	5100	0.34

江宁校区规模12000人，并可能发展到14000人，可取风雨操场指标0.35m^2/人。按此标准计算，需风雨操场面积:0.40m^2/生×12000生=4800m^2

现体育馆若为单层则难以满足，故应考虑体育馆建成多层，并在绿化环境中穿插活动设施。

另一方面，虽然文化及娱乐功能未有定额，但对于大学文化氛围的营造非常重要，而且能提供学生更积极健康的生活空间，为校园增值。所以，学生活动中心及别具匠心的活动场所的定位与设计也不能忽略。

5）会堂

表8 规模大于8000人的一般或重点院校会堂规划建筑面积指标

学校自然规模（人）	会堂座位数（个）	会堂建筑面积（m^2）	会堂指标（m^2/人）
8000	1500	2400	0.30
10000	2000	3000	0.30
13000	2500	3630	0.28
15000	2500	3630	0.24

据此标准，校园内需要一座3630m^2左右的会堂，而这在原有规划中没有被很好考虑。

6）行政用房

按照《普通高等学校建筑规划面积指标》，校行政用房的建筑面积定额为：

5000人规模——0.83m^2/生

按此标准计算，校行政用房所需面积：0.83m^2/生×12000生=9960m^2

原规划校行政楼8000m^{2}左右，基本满足需要。

7）学生宿舍

按照《普通高等学校建筑规划面积指标》，工科本科生的宿舍规划建筑面积指标为6.5m^2/生，研究生的宿舍规划建筑面积指标为10.5m^2/生。

原规划有东北条式宿舍：6300m^2×5幢=31500m^2

北部点式宿舍：3260m^2×10幢=32600m^2

西北部点式宿舍：3700m^2×3幢=11100m^2

西北部点式宿舍：3500m^2×6幢=21000m^2

总计：96200m^2

人均：8.02m^2/生

宿舍面积相当宽裕，可有大比例宿舍满足研究生的宿舍建筑面积。

8）学生食堂

按照《普通高等学校建筑规划面积指标》，学生食堂的建筑面积定额为：

5000人规模——1.30m^2/生

按此标准计算，学生食堂所需面积：1.30m^2/生×12000生=15600m^2

原规划主要学生食堂两座，每座约6300m^2，及辅助餐厅2400m^2，合计可达15000m^2，可以满足需要。

9）教工食堂

按照《普通高等学校建筑规划面积指标》，教工食堂的建筑面积定额为：

5000人规模——0.23m^2/生

按此标准计算，教工食堂所需面积：0.23m^2/生×12000生=2760m^2

原规划中没有安排教工食堂。考虑到教工区外移，指标作为参考。应考虑教工方便就餐的问题，可适当布置于校园教学区附近，或与学生食堂整合。

10）生活福利及其他附属用房

生活福利及其他附属用房主要包括医务所（校医院）、学生活动用房、学生浴室、招待所、印刷所、汽车库、理发室、洗衣房、综合修理部、仓库、锅炉房、水电设备房、警卫室等等。

按照《普通高等学校建筑规划面积指标》，生活福利及其他附属用房的规划建筑面积指标为：

5000人规模——3.04m^2/生

原规划中该部分内容未具体安排，应考虑足够的建设分布区域和可能空间。

3.8.4 交通网络评估

1.校内动线系统分析

入口——校园西、北、东北、南分别有四道入口与城市道路相连。西入口为主入口。与城市道路交叉口最近的南次入口也距交叉口超过90m，符合基地入口的设置规范。

分流——西入口主要承受出入教学区的人流和车流，北入口可方便宿舍区人车就近出入，东北入口承担复合人流，而南入口则解决了后勤的进出。交通区块的分设使各种人流车流各得其所。由于北入口可能承受大量的宿舍区交通，现规划规模可适当放大和调整。

流线——规划中校园内主干道基本分为两大交通环。中南大部分区域是以教学中心区为核的教学交通环，西接校园主入口，沿线主要分布各所教学楼、实验楼、科研楼以及行政后勤房。北部则是以食堂及生活服务建筑空间为核的生活交通区，南切教学交通环，沿线分布了宿舍区及文体活动设施。东部以一条大道与带状公共绿地相连。校园流线系统明确，易于把握识别。但同时，也应注意到南北交通频率的不均衡（北高）造成现有北部交通线路的略嫌复杂，应作进一步的层次处理。

停车——现有四个入口中，除北入口外都有暂停车的余地，北入口处要尽可能地设置缓冲区。据现规划意图看来，主要教学、科研、行政楼及后勤设施就近设置地面暂停机动车位，宿舍区只在楼前停放自行车。这一部分规划要结合实际需要和发展可能进行深化。

2.车道

车道宽度设置有问题。校园北部道路宽度比南部窄，实际北部为集中宿舍区，人流量必大于南部的科研和后勤人流，应该比南部宽。

3.8.5 建筑外部空间评估

1.入口空间

入口空间作为校园与城市交流的直接接触区，应当得到得体的考虑与定位。而原规划各入口空间只是校园内外道路的会合，没有在空间上作节点设计。尤其是主入口进去前方正对的中心教学区，主轴线很明显，但右面办公楼，左面土堆，造成了入口空间在主轴线控制下的不均衡。这些问题应当得到协调。

2.建筑空间的典型性和多样性

从现有教学建筑到行政建筑，学生宿舍到公共服务建筑，以及实验楼、工厂建筑等大大小小的公共建筑，规划基本考虑了各个建筑空间的特性定位方向，例如，教学建筑的集中和标准，学生宿舍的多种类型配合，服务建筑的灵活自由，文体建筑又结合活动场地。可进一步深化多样化的典型设计，以灵活的标准空间和丰富的多功能空间来适应各种变化和需求，最终形成活泼多彩、富有强烈时代气息的校园整体空间面貌。

3.重点与过渡性安排

好的建筑群体规划需要有不同层次的团体中心来整理组织并激活各单元之间的联系。这些团体中心的确定由建筑性质和体量来决定，由于其性质的特别重要与体量的特别出众，就需要在其周围设计过渡性元素来缓冲它们与周围建筑的矛盾，使校园和谐统一。

1）重点

校园中心区设置为以一栋标志性高层多功能教学楼和两幢对称教学实验楼为依托的中心广场。格局对称而富于凝聚力。该中心区统领全校，在校园中扮演地标性及纪念性角色。广场设计应协调好重点建筑的塑造与衬托，高层多功能教学楼的设计又应成为广场设计的点睛之处。

校园北部的体育馆及食堂等文体和公共服务功能又是北部生活区的亚重点，由于其格局相对轻松自由，故现在在轴线两旁不对称的做法是切合定位的。其中体育馆作为亚重点，在塑造中既要带动区域的吸引力，又应在体量尺度上弱于中心区主楼。

其他科研区、宿舍区等都应有各自的重点，若建筑平均则应深化塑造重点空间。

2）过渡性

由于校园中心区高层多功能教学楼体量超出周围环境很大，应考虑群房的处理使形象突出又不突兀；

体育馆旁边的大片非建筑地块使其更显庞大，为达成适宜的尺度感应对场地进行内容设定，并可借植物等非建筑元素修正视感；

各层次核心的建立和合理修饰还有待进一步落实，应使各层次中心内容得到映衬并渗透到其他环境中。注意塑造多样统一的气氛。

4.开放空间

无论是教学区，还是宿舍区、公共服务区都应结合建筑考虑其围合与剩余的开放空间之形状、大小、开合、序列和形式。江宁校区的开放空间需再重点考虑以下方面：

1）广场

现已在中心区规划了中心广场，但与生活区关系不够密切。可在食堂附近的亚中心设置亲切分散的第二广场，把宿舍区、公共服务区组织得更便于使用，借以营造良好的校园生活气氛。

2）运动区

运动区往往是开放空间之中尺度最大的。现有田径场、体育馆周围以及基地右方公共绿地，运动区的发展面积很大，其空旷的环境易与建筑区关系生硬，可借助小品、梯级、连廊等办法来衔接与衬托彼此。运动区域内应针对落实的内容进行物质与服务的配置。

3）休闲区

随校园生活环境质量的提高，学生生活不可能缺少必要的休闲设施。现已有中心区南侧的景区提供师生课间的休息与室外自修场所。同时，食堂附近的亚中心区可布置适当的休闲内容，把第二广场装点得不拘一格。基地东方公共绿地也应得到休闲活动的充分利用。

4）信息区

作为集会交流场所，信息区（比如海报区或外语角）可作为广场的一大补充与重要功能特性的提升。在人流量大的开放空间，例如广场局部、食堂附近、生活区至教学区的步行道旁，都可考虑信息区的设置，使空间活动更为积极。

3.8.6 生态、景观建设评估

原规划的生态、景观设计不足。面对在全新基地上的校园兴建，面对时代发展对环境规划质量的提高，这项建设应当得到重视。尤其是校园内中心区南面的景园、宿舍区的小生态环境、基地东面的公共绿地，应当重点设计生态、景观环境。

校园生态、景观建设应把握以下几点：

1.尽量保持原有生态环境，例如考虑保留原有水面、坡地、植被，局部进行调整完善。

2.景观系统有待系统化、多样化，组成综合有机的景观系统。

3.对于基地东面的带状绿地，作为大块集中的绿地，充分考虑校园对其引入和利用，经过适当的整治，使其满足城市整体与校园个体对生态资源的共享。

3.8.7 小结

首先，原规划在整体规划中考虑了6000人以上的学生指标，由于其建筑面积宽裕，有的功能也已能满足学生12000甚至可能到14000、15000五的使用要求。当然，也有部分功能出现了人数扩大后的使用紧张或不足。

其次，校园的组团结构与交通组织也基本成型，思路清晰可行，只需做进一步深化与定位。

再次，原规划虽为空间环境的设计留下了相当余地，但许多必要的内容没有加以考虑，使校园的完整有机的面貌没有得到很好体现。

综上，原规划具有相当大的整理、纠正与充实的可行性与必要性。

3.8.8 规模扩至12000人的评估

南京航空航天大学江宁校区的规划规模由6000人升至12000人，必将对原规划的配置带来种种挑战。从教学设备设施到师生宿舍，从文体活动建筑到室外活动场地，从科研基地到服务场所，从功能配置种类到环境处理量，都必然有随之而来的需求量的大大增加。下面，将主要例举规模扩大后各方面需求与原规划间的差距与否，以及弥补差距的可能。

1.原有内容规划面积比较（3.8.1节已作定量分析，在此只作定性总结）

2.校园用地面积约60万m^2，按12000人计算，人均50m^2。由3.8.1节表1比较，在国内外属中等的用地规模。基本可满足扩容要求。

3.校园总建筑面积约30万m^2，按12000人计算，人均25m^2。由3.8.1节评估分析比较，在国内外属较好配置。可满足扩容要求。同时，要实现更高标准的建设，在现规划上仍有充实的余地。

4.各项内容规划面积比较

教学科研区（即原规划中教学区和科学实验区）

——教学楼（含教室与图书馆）建筑面积超过66000m^2，可满足扩容要求，但其中图书馆面积应注意调整到19000m^2 左右为宜；实验、实习车间及附属用房要满足扩容需要，建筑面积应再尽量增加，在西南增设金工车间等实习用房，并把现有科研建筑适当扩充。

学生生活区——原规划学生宿舍面积已达96000m^2，按12000人计算，人均8.02m^2/生，宿舍面积相当宽裕，可有超过一半比例宿舍配置满足研究生的宿舍建筑面积要求。

文体活动区（即原规划中运动区和环境区中有实际活动价值的部分）

——首先，现体育馆若为单层则难以满足12000人规模的使用需要，故应考虑体育馆扩充。其次，3630m^2左右的校园大会堂是校园必备的集会功能场所，需要得到适宜的考虑。再次，虽然文化及娱乐功能未有定额，但对于大学文化氛围的营造非常重要，而且能提供学生更积极健康的生活空间，为校园增值。所以，学生活动中心及别具匠心的活动场所的定位与设计也不能忽略。

后勤生产区（即原规划中纳于其他区的部分）

——原规划主要学生食堂两座，每座约6300m^2，及辅助餐厅2400m^2，合计可达15000m^2，可以满足需要。但教工食堂没有考虑，把教工宿舍移至校外后，面向教工课间的餐饮服务不可或缺。同时，学生的日常生活服务设施没有安排。这些问题不解决，将妨碍12000人规模的大校园正常运转。

5.需要增加的功能

1）实习车间——实验、实习车间及附属用房仍需进一步扩充，金工车间等用房在科研区设置。

部分体育设施——包括室内体育馆内容的扩充与室外场地的建设。室内部分包括各类运动馆的分配，室外则主要应考虑游泳池、溜冰场地的布置，网球场等也应酌情安排，各种小型运动场地可充分结合景观环境进行搭配。

2）学生活动中心——原规划在西北宿舍区设置了两层的活动室，作为整个宿舍区的活动中心，其格局偏小，且位置不佳。该功能可重新调整。

3）教师食堂——面向教工课间的餐饮服务，可结合学生食堂设置，最好能够单独安排于教学科研区。

4）公共服务设施——包括日用文具、日用品、书店、理发洗衣等服务设施可组织成一条街区或一个团块。另外，学生浴室之类的功能也应留足建设余地。

总的说来，南京航空航天大学江宁校区的规划规模由6000人升至12000人，在许多建设指标上都带来了一定的变化，这些变化，有的已被原有宽余的规划规模基本满足，有的需要在现有建设基础上进行局部扩充，有的则需充分利用基地进行整理和补充。在保持原规划基本结构不变的前提下，规模的增加经过部分改进是可以实现的。

3.8.9 修改后规划说明

校园保留原有地形自然风貌，突出航天航空高科技气氛，功能分区明确实用，同时注重个性与意境，使得校园每个分区即统一又有特色。

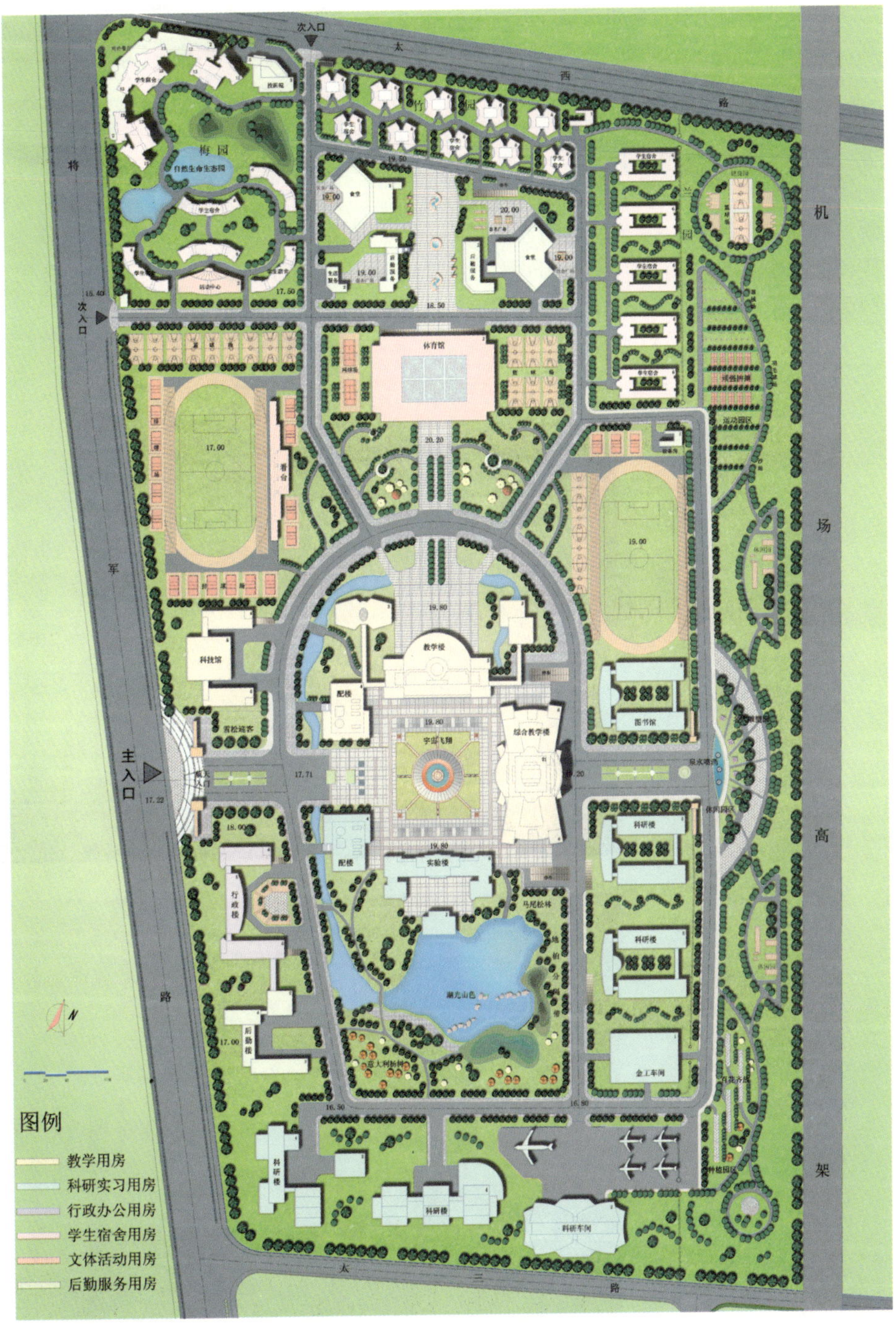

规划总平面图

3.9 上海外国语大学校门设计

3.9.1

作为上海外国语大学的门户，本方案构思用优美的曲线形立面作为校门的形体设计的切入点，并结合西侧新建出版社大楼顶部造型，力求整体环境的协调统一。

3.9.2

校门设计结合环境设计。校门本体与周围的水体、绿地、休闲场地、停车场地相结合，力求具有独特的场所精神和文化感的标志性景观。

3.9.3

校门本体包含弧面墙体、内侧柱廊和两侧的玻璃体，考虑了夜景照明的方面，力求达到新颖独特、庄重舒展、素雅大方的艺术效果，体现上海外国语大学新世纪新校园的文化氛围和现代气息。

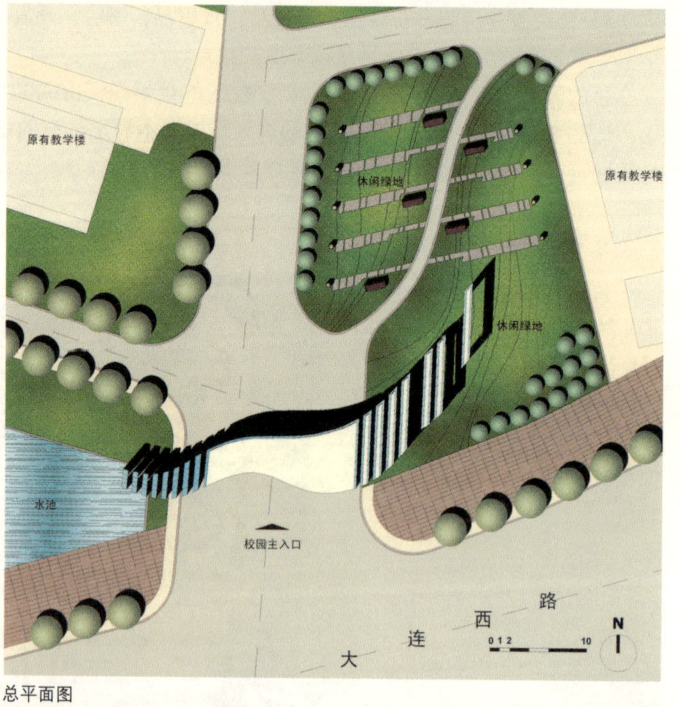

总平面图

方案一透视图

方案二透视图

3.10 城市滨水区建筑环境与绿化景观——大庆市科学家村初步规划

3.10.1 规划理念

基地位于濒湖区而占有优势的地理位置，东临东湖水库，南接黎明湖，由西向北流淌着一条河道。三边濒水为该基地提供了与众不同的景观条件，与现代水泥森林的城市生活产生了巨大差异，是冷漠的城市景观边的一片宝贵的自然风光。在规划中，希望在最大程度上发挥基地独一无二的优势，故此，提出了“造岛”概念。这个概念的提出，在表达了其亲近自然，崇尚生态的同时，更显示了与其他所谓“花园住宅”规划的显著区别，即“岛屿气氛”，而不仅仅是绿地，是花园。

3.10.2 规划特点

1.合理的空间形态

基地南部道路是主要的交通干道，小区的三个入口位于与其相交的西边次级道路。南边作为最重要的对外面，布置大量别墅及少量多层。整个住区沿东湖水库呈自然生态线型展开，多层次的线型组合由南向北，呈由低至高，由疏至密的组合，将丰富的层次展现于沿街面，充分考虑到住户的观景要求及小区对外的生态形象。

2.均好性的错位排列

在规划布局中，设计采用了错位式排列和错位式组团的手法，形成了小区的规划特征。考虑到为了充分利用湖景，住宅的布局必然沿湖面展开，但这样便不能满足日照需要，并且前排会遮挡后排视线。于是，寻找到一种最为合理的排列方式，即错位并且偏离正南一定角度。这样，虽然住宅不完全朝南，但也比较合理地满足日照的需要，而且同时每一栋住宅都能有较好的湖景面，为每户争取最大利益。日照充足，视野开阔的优点显而易见。由于地形狭长，多层与小高层简单地以错位的方式排列，住宅排布走势由中间的景观轴控制，简洁而生动。

3.个性化岛屿景观

所谓“造岛”计划，突出岛屿气氛是整个规划中的关键，通过以下三个设想和处理增加岛屿的环境与气氛。

1）充满仪式感的入口

主入口由一座大桥引入，将两边沿湖坡地扩大，将桥面拉长，产

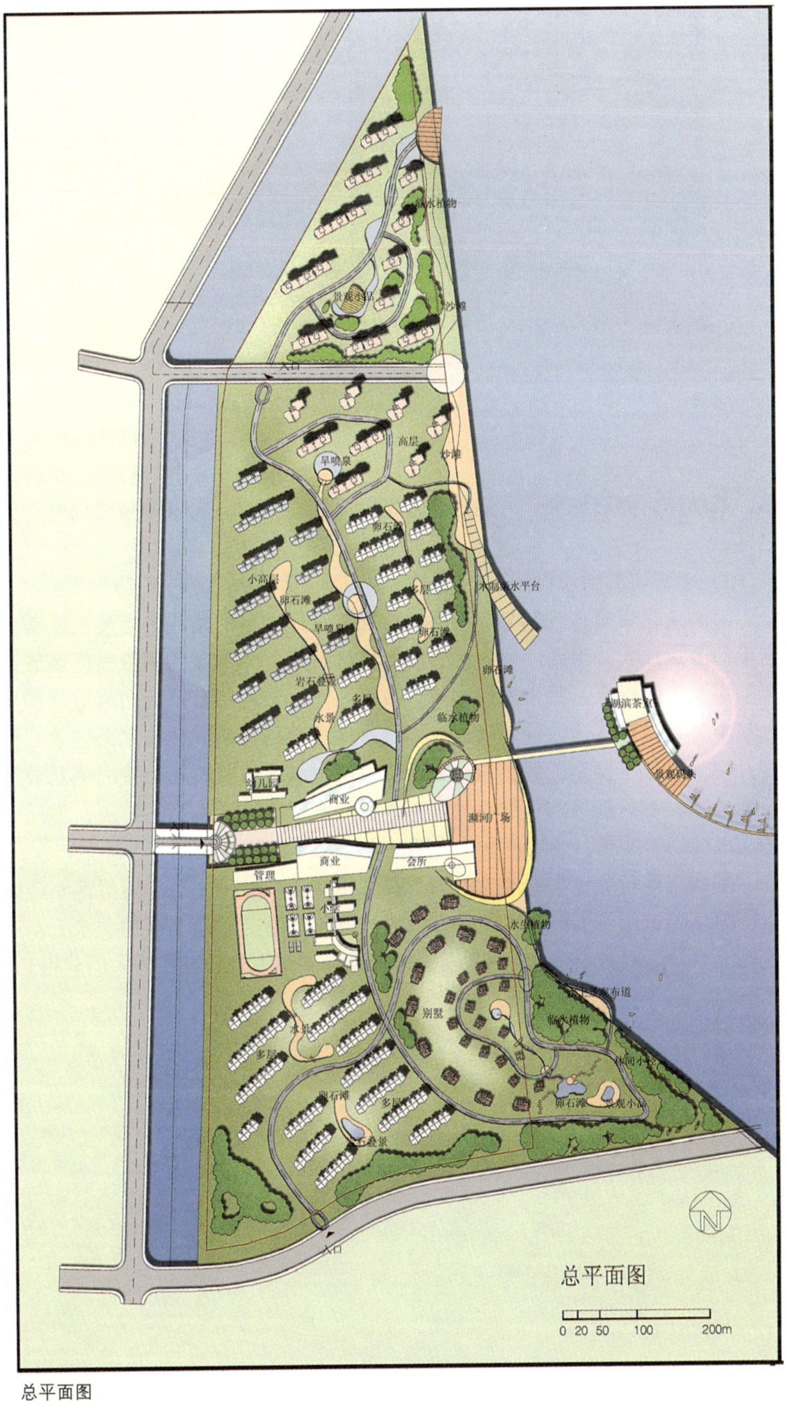

总平面图

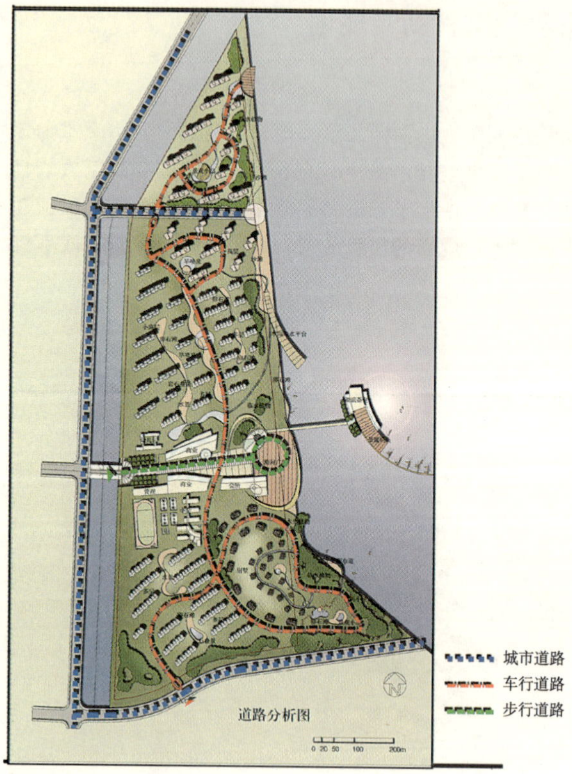

交通分析图

生强烈的纵深感及视线引导力。经过跨湖大桥时，平静的湖面及深远的树林，将感受从都市引向岛屿，它不仅是两种生活状态的过渡，更是两种体验的过渡，明白地提醒人们，一个不同于其他空间的到来。

2）个性化景观轴

整个规划形态由两条景观轴控制。由西至东的一条，将入口与海上平台贯通起来。开阔的视野，将沿湖景观尽收眼底，将渺茫的湖景引入岛屿气氛中。宽阔而不对称的路面，显得大气而不呆板，将学校，幼儿园及商业建筑有机整合。两边的商业建筑使这条道路充满商业热闹气氛，建筑体型的自由形式，则使空间感受更为活泼、自然。

另一条为自南向北小区干道，并与景观轴相结合。怎样才能更好地完成岛屿气氛的塑造，是我们一直思考的问题。考虑到北方寒冷的气候，不适合普遍流行的大面积人工湖做法，于是，我们饶有兴趣地提出了借鉴"枯山水"的造景手法。枯山水中的卵石铺地、叠石造景，点到为止的植物陪衬，都造成了一种似水非水，似有还无的感受。不仅在材质上与岛屿气氛相贴切，更有一种感受上的契合。景观轴内以大量卵石铺地为基础，其间点缀以岩石小品或旱喷泉等景观。散布于卵石滩上的小水洼，在夏季结合小型喷泉，即节水又尺度宜人，将成为孩子们的戏水天堂。而到了冬天，小水洼或干枯，或结冰，卵石地便于人们行走，增大摩擦。同时，大量的植被仍然点缀着一片苍茫，而不同于大量水景时的荒凉之感。

3）丰富的沿湖景观带

沿湖景观带是该规划与众不同的特征之一，丰富的景观内容使沿湖面有着多种方式的休闲体验。入口景观轴与沿湖带的节点放大为沿湖广场，将沿湖面尽量打开，大尺度的湖景使广场气氛更为心旷神怡。广场与出挑平台相连，上有茶室及泊船码头，独占地理优势，吸引人流。景观带自广场向两边延展，造景元素同样以卵石铺地为主，在部分地方与中央景观轴连通，一气呵成，浑然一体。卵石也是陆地与水面过渡的绝佳元素，在铺设方式上虽有强烈的人工痕迹，但却提供了自然的感受，这正是引入枯山水的精髓所在。较之刻意效法自然，毕竟难于天然相齐，反落得做作、矫饰之感。在营造岛屿氛围的过程中，我们不刻意掩饰人工的痕迹，但同时也要唤起人们对生态自然气氛的感受。这正是该规划的难点，但也是令设计者为之兴奋的亮点。

基地东南角的保留绿地与沿湖景观带相结合，林间小径与别墅区相连，以充分利用保留绿地，并作为别墅区的天然屏障。穿过浓密的树林，便见广阔的沙滩，及茂密的濒水植物，水上步道穿梭其间，或出挑水上，或开阔为平台。沙滩上点缀以岩石喷泉、小水渠等，既为环境增添生机，也便于人们利用。

3.11 浙江省东阳市别墅室内外环境设计

3.11.1 玄关设计

玄关对景墙面沿中轴布置的格局，使玄关空间更显神圣和高贵，为方便客人更衣换鞋，玄关两侧设计了壁式储衣柜，柜门采用柚木饰面及局部描金线脚。考虑东阳本地木雕制品闻名遐迩，故采用以大型圆形描金木雕作为玄关的主题图案，同时配以西式装饰细部。玄关中西合壁的设计风格，既体现了中国东阳的文脉与传统，也融合了西洋的合壁的设计风格，既体现了中国东阳的文脉和传统，也融合了西洋的精致与气韵。在玄关对景墙两侧安放由业主提供的一对兽雕，使本案玄关更具个性化的色彩。

3.11.2 大堂设计

大堂设计结合业主对风水要求，采取了以水景为主的较为大气和生动的布局。古典描金方柱、双层拱形柱廊、大理石弧形楼梯、以及二层高的共享空间使大堂彰显至尊与豪华，金色流水壁、金鱼水池、金色兽头喷水群雕、金线米黄大理石喷泉雕塑（寓意财源滚滚）等“金”字景观，既使大堂隐喻的口彩颇佳，更使大堂装饰效果熠熠生辉。

3.11.3 主楼梯装修

为达到整体豪华效果，拟将原楼梯低矮栏板废除，采取宝瓶造型栏杆。栏杆可采取实木或大理石，具体根据预算定。楼梯中央墙面配合大堂水景，采用中式主题的浮雕装饰壁，保持了大堂的宏伟气势。

3.11.4 客厅设计

由于原来中庭全部用来作为水景，故原先设定的客厅功能全部由一楼的会客室承担。为塑造客厅豪华格调，客厅采取严谨的古典对称布局，并在空间设计中采用了柚木饰面壁炉、大型落地镜面、扁铁藤蔓造型花饰、古典欧式石膏线等欧式造型元素，同时配以水晶吊灯、天鹅绒豪华窗帽、描金欧式家具等软装饰，使本案客厅散发着浓浓的法兰西风情，同时也为业主创造了一个情意融融的会客场所。

3.11.5 大小餐厅设计

为便于节假日宴请要求，本案设计改变了原先格局，以可分可合的中国漆画饰面的折叠门取代原先两房间之间的隔墙，同时为了增加空间的使用功能，在大餐厅一侧设置了进入式的家庭酒吧，增加了餐厅的规格与档次。

中央大厅效果图

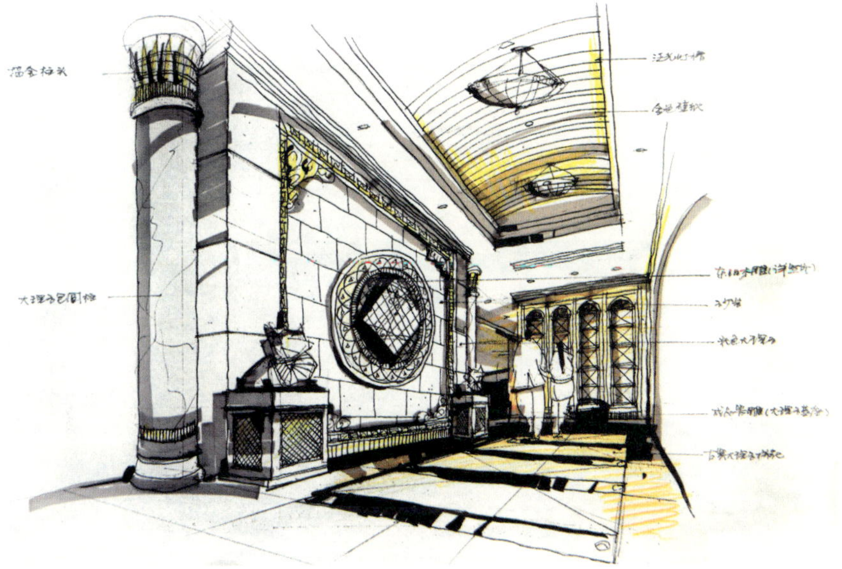

入口玄关效果图

底层客厅效果图

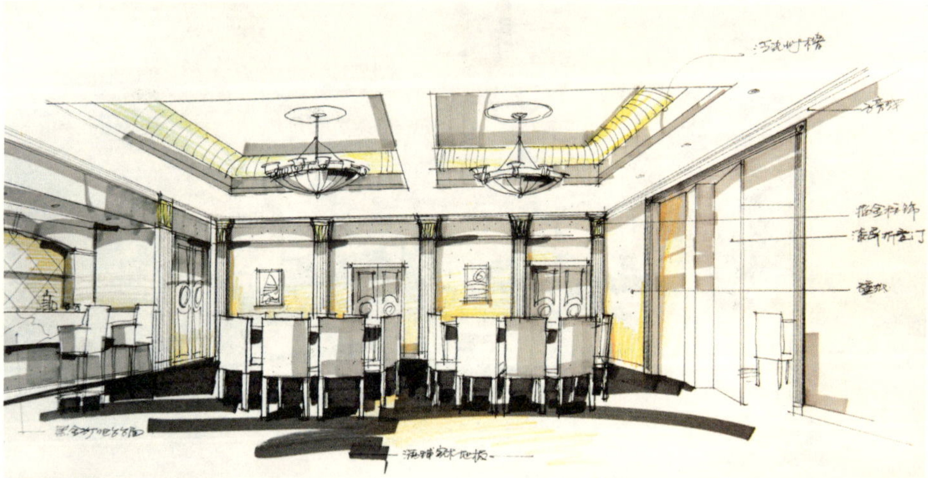

底层餐厅效果图

二层视听室效果图

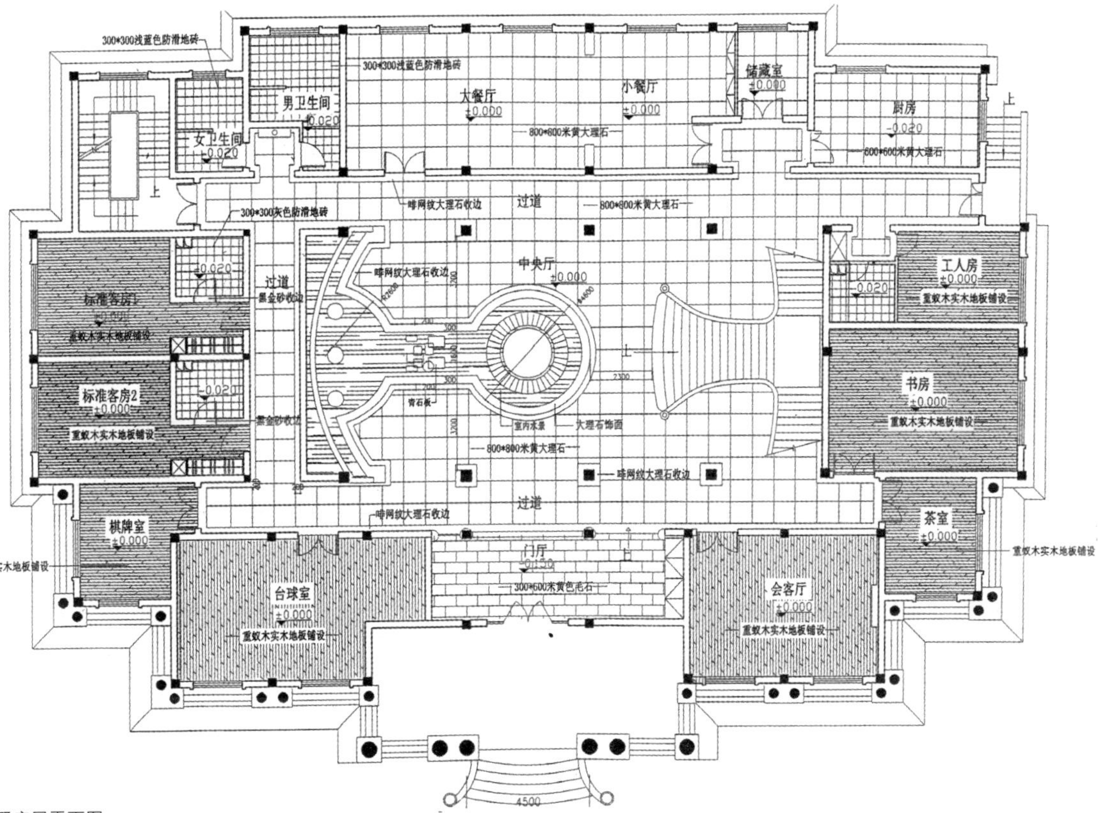

别墅底层平面图

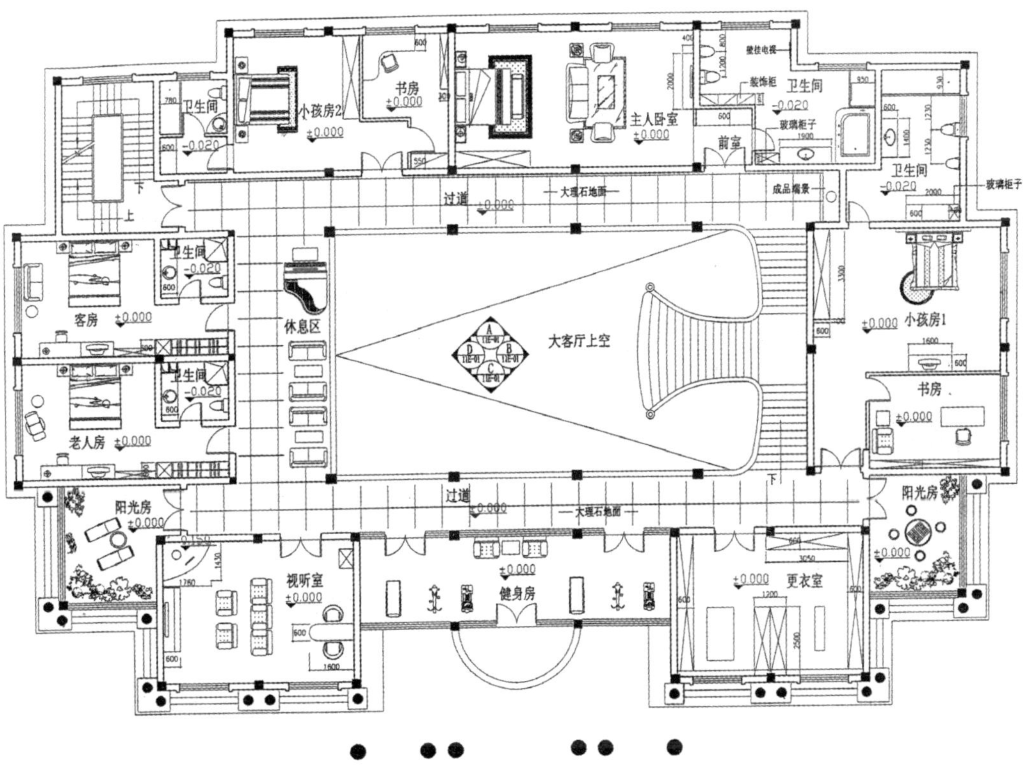

别墅二层平面图

3.11.6 二楼视听室设计

按现在较为流行的方式，采取影剧院平面布置，投影幕可以满足节假日多人观赏的要求。本案在视听室布置了卡拉OK台和自助酒吧，丰富了影剧院的娱乐功能。影剧院装饰风格也采取欧式，装饰材料以地毯、壁纸、软包等吸音材料为主，同时配置较好的环绕声系统。

别墅二层卧室效果图

3.11.7 庭院设计

室外庭院以几何图案布局，与主体欧式别墅建筑相协调，主入口严谨、整齐又不显呆板。游泳池抬高3级踏步，显亲切、温馨、舒适且视线隐蔽。庭院绿化亲切宜人，常绿灌木与落叶灌木互相搭配，高低错落，一年四季都有变化；局部花草点缀其间，鲜亮活泼，富有生气。整个庭院草皮、石头、路灯、花台、卵石各就其位，丰富多彩、美观大方。

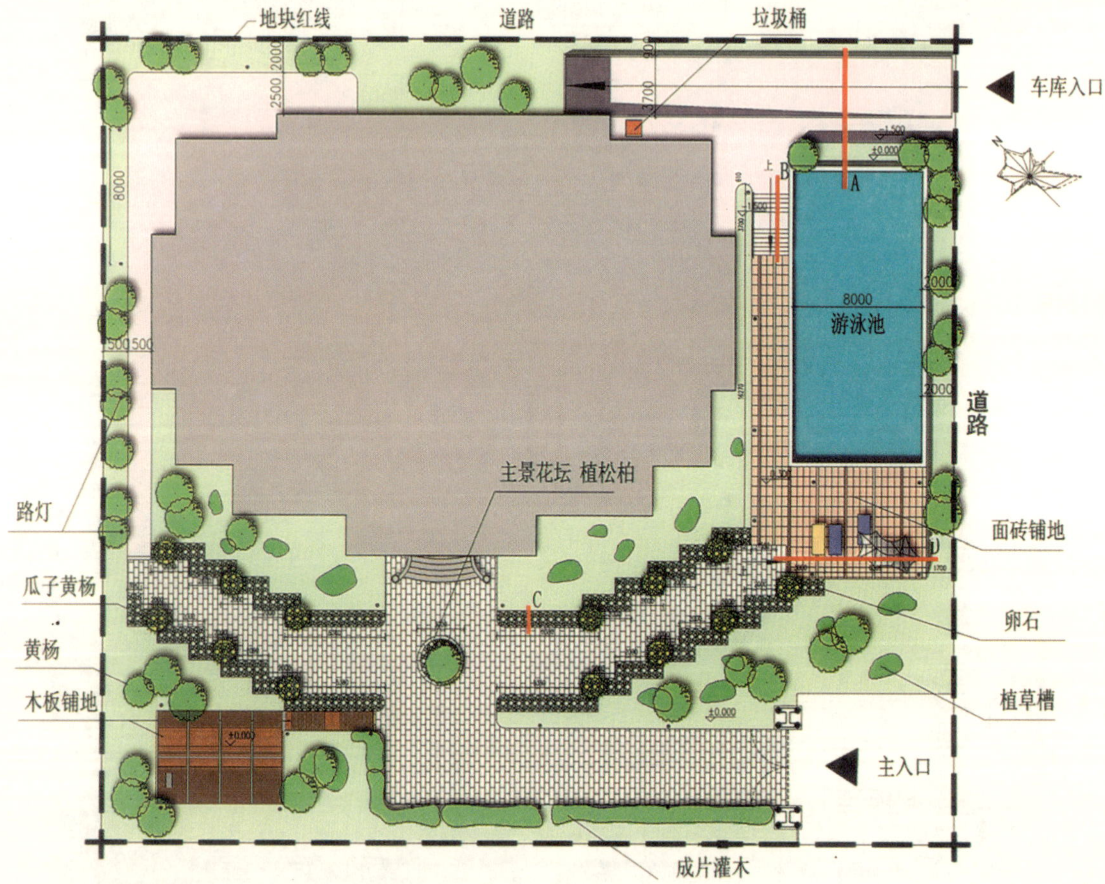

别墅庭院布置图

3.12 山地建筑的风景与环境——青海石油管理局太湖疗养院总体规划

3.12.1 总体布局

该疗养院位于太湖边的小山丘上，地形为东西狭长形，中间低，两头高，呈马鞍形。基地南面有一条拟建中的公路，附近是六个疗养院之间的交通要道。疗养院根据功能分三个区：①疗养区，区内设甲级楼、乙级楼、丙级楼，该区是基地的东南角，也是整个基地最好的地段。从这里观太湖，视野开阔，临湖感强，突出了太湖疗养的特点。②生活区，区内有办公楼、单身宿舍、车库等，设在基地的西北角，也是整个疗养院的下风向处，同时又紧靠院外出路，无论从后勤运输还是管理来讲都比较方便。从疗养院入口进去，左边是后勤生活区，右边是疗养区，中间是一片竹林。后勤生活区与疗养区之间用绿化分隔。③服务区，区内有服务楼、医疗楼等，设在疗养区与生活区中间偏北，有利于保护基地原有竹林。服务区、疗养区及后勤区之间有一定的空间分隔，为方便疗养人员一日三餐，我们在服务区和疗养区间用一条长廊连结。同时，我们在建筑处理上又把一些分散的庭园或建筑用廊串在一起。疗养楼内有空调、采暖，管道较多，用长廊连结疗养楼可在廊子上部调协管道，可节省大量费用。在总体设计中，保留了基地中心原有竹林，并在竹林中配上竹凉亭、喷水池以及宜兴陶凳，以形成整个疗养院的活动休息中心。

3.12.2 单体设计

宜兴地区的主导风为东南风，因此建筑大部分为南偏东5°～25°，通风较好，而且可以观赏太湖景色。疗养院200个床位根据级别分为三个单体，即甲级楼、乙级楼和丙级楼。甲级楼为一人二间，乙级楼为一人一间，丙级楼为二人一间。乙级楼和丙级楼根据地形设计成横向错落，这样可减少单体建筑的土方量，节省造价。每个单体的若干单元同外廊及庭园联结，以丰富建筑体型，使其分而不散，避免建筑体型的单调感。活动室做成各种几何图形的体型，使之与长方形体型的客房有一定的区别。疗养楼屋面做成高低错落坡屋面，在错落处做通风气窗，使顶层客房通风采光较好。服务楼设在疗养院的中心，也是疗养院的重点建筑，在设计中，我们根据地形关系，把服务楼设计成二层，从主要道路可直通二层大、小餐厅，餐厅南面是一片竹林，景色宜人，北面临太湖，湖面开阔。服务楼顶层做成平、坡结合，与周围其他建筑相协调。另外，服务楼与疗养楼之间用长廊连结，医疗楼与一般医院门诊楼不同，医院建筑气氛不宜太浓，我们认为，以休为主的疗养院中的医疗楼同样应作为一个风景的组成部分。医疗楼设计成一组用廊子和庭园相结合的建筑，小型体操房设计成一个角锥形的空间，玻璃顶棚，使之与自然界隔而不断。办公楼、单身宿舍设在基地西部。这些单体建筑用一条长廊串成一组，使庭园之间的空间互为渗透。办公楼为二层，屋顶采用二边斜坡，中间为玻璃顶棚，体型简洁、新颖。

3.12.3 环境与意境

环境与意境是相互联系的。在总体方案规划初期我们就应有一定的意境设想，一定的环境规划，是“土”的“洋”的；华丽的，清秀的；是轻巧多变的还是质朴统一的。我们认为：疗养院的物质功能固然重要，但其精神功能也不能忽视。总体方案的意境要以清秀、质朴为主。太湖水面开阔，自然山地平坦，太湖流域又有悠久的历史文化并有传统的江南古典园林。在设计中，我们采取了以下几点做法：

1.确定总体布局空间形式

我们认为，根据自然环境条件和建筑功能要求，采用庭园式空间布局以增加层次、变换景色，使有限空间变为无限空间。

2.单体建筑的体型和风格

单体建筑的风格是根据总体意境来构思的，总的来讲，是追求质朴、清秀的艺术意境。单体建筑的体型要根据太湖的山、水，太湖地区的人情风貌，江南庭园建筑的风格来设计。做到既要有传统的地方特色又要有创新的时代性。疗养楼、服务楼、医疗楼的体型都很简洁，屋面为青灰简瓦，具有江南传统建筑的风格。屋面构造根据功能做成高低错落的屋面。外墙为白色，局部用花色马赛克或面砖，整个疗养院色彩素雅，高洁。

疗养院总平面图

3.建筑小品和绿化

建筑小品和绿化，如水池、雕塑、花架等等都需要采用现代手法来创作。雕塑宜以抽象雕塑为主，主题应反映石油行业的特点。尽量保留基地上原有较好的树木，在基地中部原有竹林是总体上突出意境的绿化之一。为此，我们在竹林中安排了竹凉亭、陶凳等休息场所，以更加突出江南庭园的清秀、多姿。在总体绿化上还配上桂花、梅花、广玉兰等观赏性较强的树丰富了绿化的层次。

4.风景线的组合与串连

风景线的组合与串连是体现总体规划意境的关键问题，在方案设计初期，我们就考虑到：第一，青管疗养院内的风景应成为整个兰山诸疗养风景区的一个组成部分。第二，要尽量借用太湖风景，利用实际地形特点，因地制宜，因景设景，景景自然，切忌生硬。第三，风景要有新意，不能老一套或照搬照抄其他地方风景。第四，风景线的组合要与主要道路密切结合，从主要道路上看每幢建筑都有良好的比例，从主要道路看每个景点都要有一定特色。如疗养院入口处利用基地上原有竹林形成翠竹屏风一景，使人一进疗养院就有江南翠竹清秀、多姿之感。在疗养院东边，则根据地形特点，建议在悬崖边上设置一个旭日亭，既能观赏太湖日出，又能为自然风景锦上添花。至于风景线的串连则应根据组合风景的距离、路线、位置、特点、人流方向、观赏视角进行排列，以形成一条有韵律的风景，线上每个点都有一定的特色。景点一，翠竹屏风。保留基地中心处原有大片竹林，疗养院主要入口设在竹林边上，使人一走进疗养院首先映入眼帘，犹如翠竹屏风。景点二，抽象雕塑，用现代抽象手法反映石油工人为祖国艰苦奋斗的创业精神。景点三，竹园小径。保留基地小块竹林，形成以竹和石组合而成的庭园空间。景点四，花圃。用江南地区的花草竹木形成一个富有特色的花圃。景点五，喷水池。设在服务楼入口空地前，以增加疗养院中心区的活泼气氛。景点六，竹凉亭。在竹林间设竹凉亭，人们在休息、散步时能听到陈陈竹声和水声。景点七，水天一色阁。服务楼取名为 “水天一色阁”意在在服务楼大小客厅中观太湖时，太湖茫茫一片，水天一色。景点八，水园。在丁级疗养院之间设小型水池，形成一个以水为主的庭园。景点九，品桂赏梅。在基地加种桂花、梅花，使疗养院内一年四季都有色彩的变化。景点十，观杉。保留基地杉木林，适当修剪形成一景。景点十一，旭日亭。在悬崖边设旭日亭，供人们观赏太湖日出。

干部疗养楼透视图

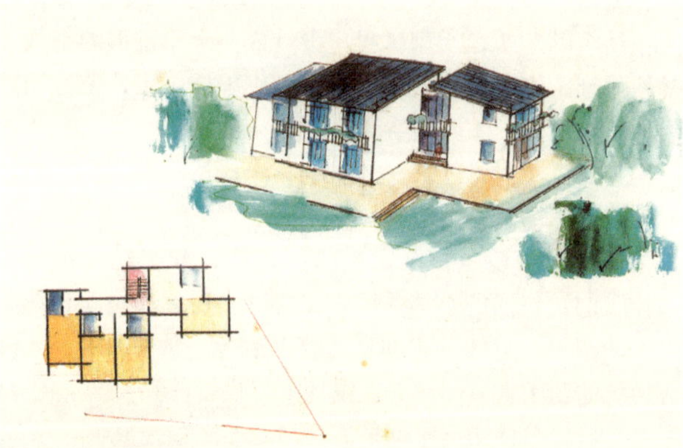

高干疗养楼透视图

综合楼透视图

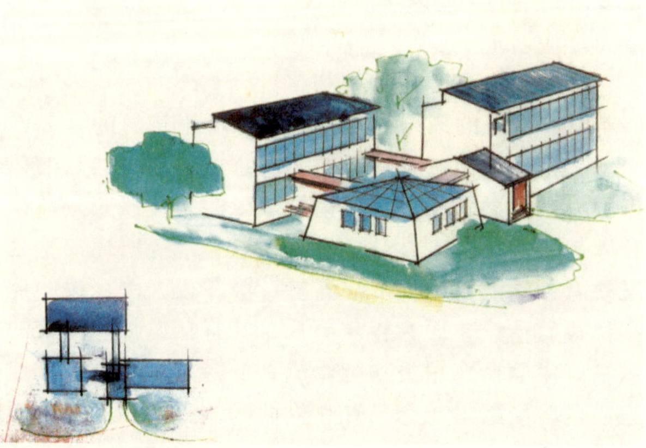

医疗楼透视图

3.13 现代村镇景观与环境——江苏省连云港赣榆县宋口村规划

功能分区明确，道路简洁方便。生活设施完善。景观节点布局在主要道路边上。建筑造型统一而灵活多变，环境优美，空间开敞。

总平面图

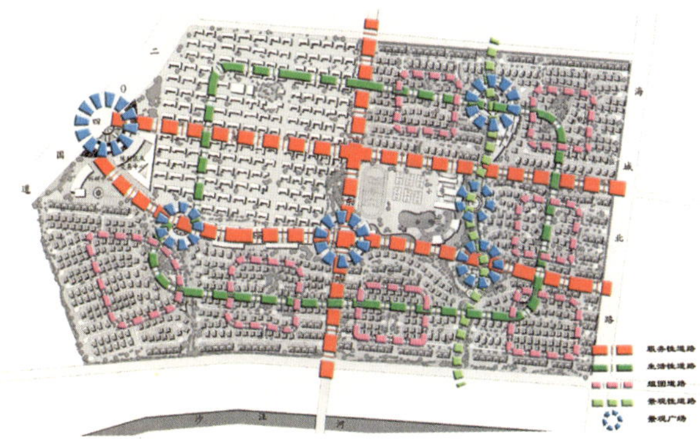

道路结构图

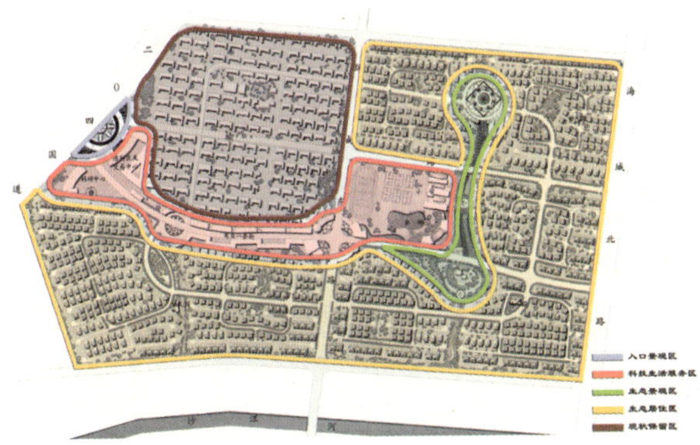

规划结构分析图

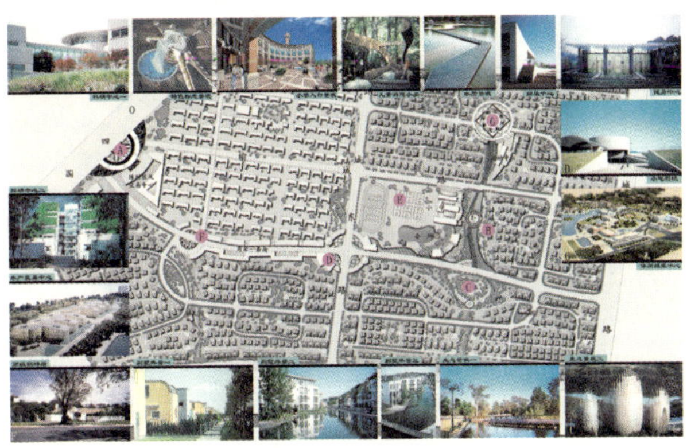

空间景观图

3.14 江苏省连云港赣榆县法院造型构思

建筑造型工整、严谨、大方，环境绿化简洁朴素。

透视图

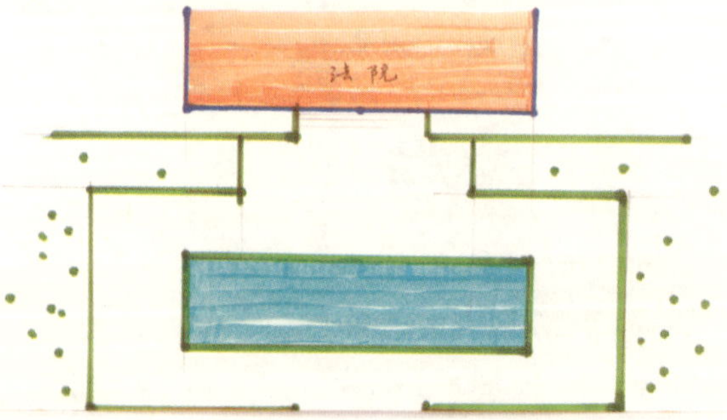

平面布置示意图

3.15 生态景观居住小区规划构思——江西省余江县绿洲花园住宅环境设计

3.15.1 环境地貌特点分析

绿洲花园的规划，着眼于对基地生态环境的理解与挖掘，在此基础上进行合理地景观引导与分区。首先，基地位于城郊交接处，作为白塔河道中由滩涂改造而成的岛，其本身就是一个城市扩张过程中与自然的一个摩擦口。而在这样的地域，一旦协调好它兼具的城市性与自然性的特点，又将成为小区犹为惊人的一笔美好特色。白塔河西岸与小区对望的是作息繁忙的余江城区，沿岸尽览参差错落的城市轮廓线，令小区能够静谧地捕捉城市节奏。而在东岸，对面一片平坦的乡村阡陌，小区又在城市边缘，享受了干净平和的乡间风情，居民得以在集合住宅的区域获得闲适宽松的空间感受。在小区的南部，则是更加直接地迎向波光粼粼的自然环境，向前放开的河道，使小区环顾的视野一望无垠，从而以最大的感受空间塑造小区的环境重心。这三面的城区、郊区与自然的围合带给了小区得天独厚的景观层次，也很自然带入了“衔接城市，发挥生态环境优势创造景观”的设计主题。其次，小区地块呈三角形，北角有一个从东西岸分别经马港大桥和果喜大桥间接进入的入口，同时，在地块西缘也有专用桥直接通向西岸的集贸市场。小区用地完整，地势平坦，交通进出也能做到相当的明确与有效。由于基地形状的特点突出，要合理分布交通道路与景观线路，使这种分布服务于生态景观的核心。另外，基地的一些特性，也带给了设计许多细节处的启发。譬如，利用基地滩涂的地貌特点，局部可做沿河滨地和公共活动点，并对楼层数加以控制。同时考察到当地广泛以柚树为特产种植，可将柚林引入和保留。

3.15.2 规划构思设计

1.整体布局

根据基地临城、临乡、临水的三面不同特色，形成各与之对应的三大团块。住宅的朝向在满足朝南同时，间隙皆直通向河滨景观。在小区景观整体连贯同时，组团又保证各自的绿化中心。公建分布于三大团块的交接线上，也兼具有畅达与景观的优势。整个结构与生态景观融于一体。

2.交通结构

车行与人行进出小区的交通由中央线形交通解决，适应基地狭长的特点。在中央线形车道上布置了三个环节点，各组团道路由主干蔓延，形成了有机且有序的交通网脉。沿岛的车道环在满足防灾与机动交通同时，又与植被带、步行景观廊合而为一，使其利用更为有效和科学。

3.景观设计

以景观为核，塑造怡人的住宅体系。首先，针对基地南北相距很长，而两个出入口都分布偏北，势必造成南部居民的一些进出不利。为能扬长避短，主干道轴线采用光滑弧线，并在此基础上，沿车行道做出宽敞而有变化的步行大道，其中点缀各色小品，尽端是景观节点，使交通避免单调和疲倦。其次，景观层层深入。要充分利用沿河的风景资源，就要让居民愿意走到河岸。在这里各个组团都安排了步行景观道，把中央景观线——组团绿化带——沿河风景带贯穿，使整个景观利用成为真正有机的系统，不使景点在使用中变成死角。另外，小区中还布置了果香萦廊、白塔夕照、洲头惊涛、平台映碧等众多特色景点，形成居民在景观网中漫步的高潮。

风采各异的组团划分。小区中划分了这样三个组团：果苑——月牙形——包括联立式住宅和点式多层。以当地的特产柚树来布置组团的绿化，橘香科植物的自然芳香可作为其组团特色。塔苑——叶形——包括两种

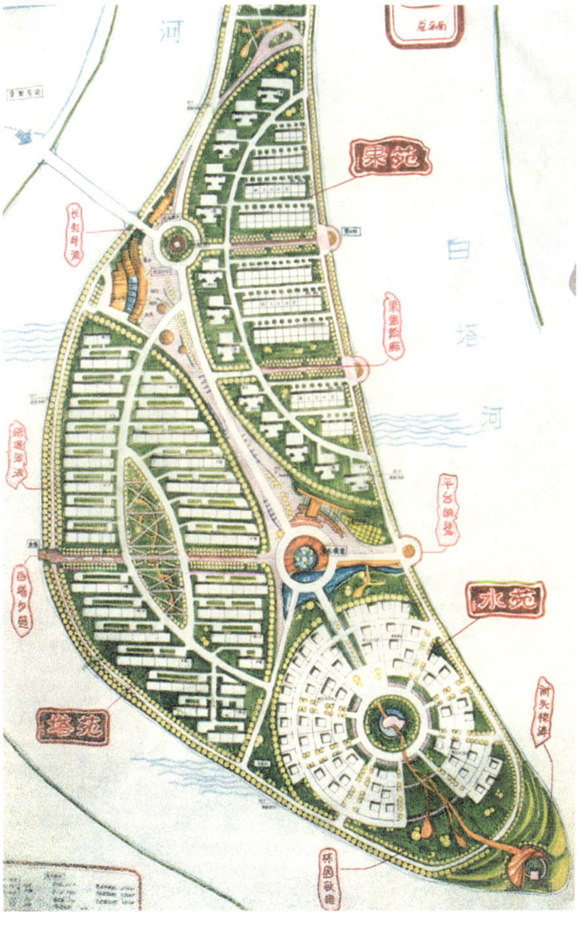

总平面图

层数的多层住宅。主步行道的邻水尽端建造白塔，以白塔作为组团的交往聚点。水苑——圆形——独立式住宅区。入口处由池上进入，内核为戏水园，三面邻河，是相当彻底的水之乐园。

绿化的丰富多彩。小区的绿化充分与布局结构、交通功能、景观环境相结合，从小区级公共绿地到组团级的小游园、林荫廊，再到沿河绿带、组团外围分隔林及宅前绿地，都尽量在统一中做出了变化。在形式安排上，注重点、线、面的结合。

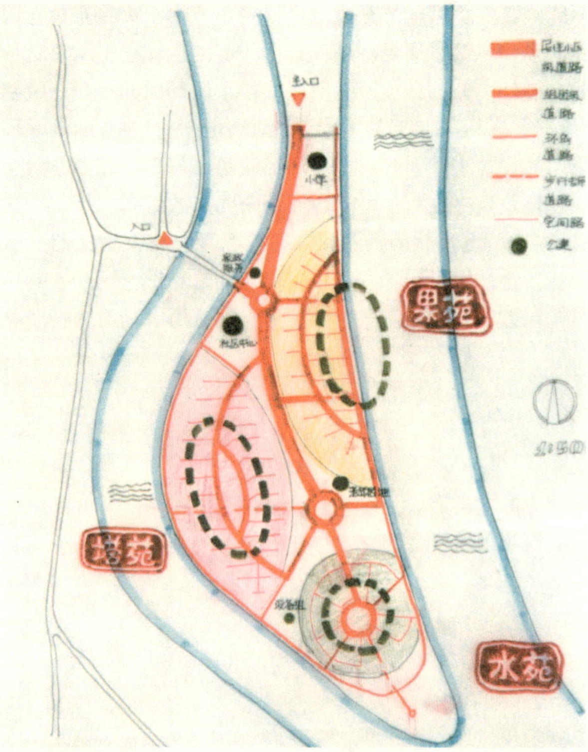

小区规划结构图

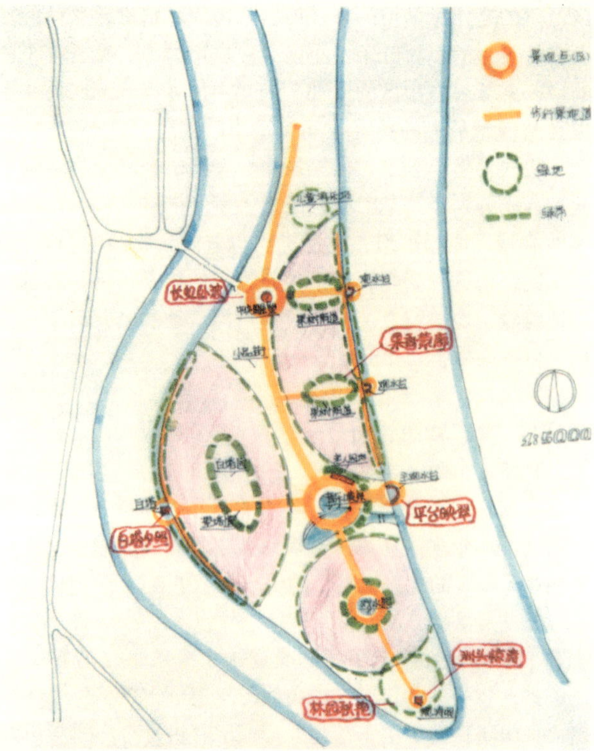

小区景观绿化图

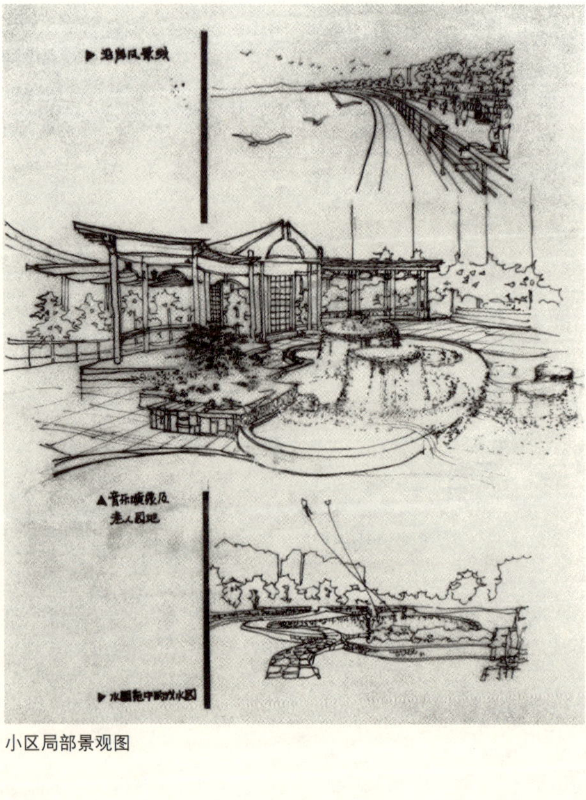
小区局部景观图

3.16 滨海区景观与环境——象山县爵溪镇东海岸度假村建筑方案设计

3.16.1 工程概况

1.基地位置及规划范围

设计地块位于象山县爵溪牛仓咀，西南靠山，东北面向大目洋。整个度假村由独立式度假房和联排式度假房组成，占地约16454m^2。

2.设计内容

本设计包括度假村的整体布局规划，会所以及独立式度假房和联排式度假房的建筑设计。

3.16.2 规划设计概念

1.形成以赏“水”为特色的幽雅度假村

针对度假村东面及北面大目洋优美的自然水体环境，规划中力求使每栋别墅能够面向水面，把宜人的山水景观作为本度假村引人入胜的最大特色。其中所采用的手法包括：根据地形现状形成度假村西南高东北低的整体地势；度假房阳台和卧室多面向临水方；通过步行通道使小区公共空间导向水边；内部设置线形的人工小水面，与外部的大尺度水面形成呼应与对比。

2.形成以起伏的"山"坡环境为特色的生态度假村

原有地形为西南高东北低，通过整理和局部重新塑造，可以满足度假村建筑向临水面倾斜，从而分享自然水体资源的景观风水。同时形成包括有坡地、台地、山地等多种地形的住宅区，使每个度假房单元都拥有与众不同的外部环境，营造山地度假村的生态特色。

3.16.3 建筑设计理念

1.建筑风格

度假村整体建筑风格以欧式别墅为特色。鉴于基地的生态景观环境，度假房造型强调乡间悠闲自得的舒适感。形体和立面分割上，在突显欧式特色的基础上力求简洁大方。

总平面图

2. 满足不同消费人群的户型设计

在户型设计上，包括了从210～250m²多种规格的户型，可满足不同消费人群的度假休闲需要。户型上力求使每户人家具有最好的通风、日照等卫生条件和最佳的观景视野，保证每户有独立停车间，以满足现代人对生活品质的高层次追求。突出海景观光特色，保证客厅和主要卧室面海而座。

3. 会所

会所作为整个度假村建筑不同寻常的个体，通过其较大尺度和高度，与广场、水体、绿化等环境更有机地结合，使其成为整个度假村的重点。在造型上仍然采用欧式与度假房建筑和谐统一，同时采用大的弧型平面与钟楼强调它的特色，体现它作为度假村公共生活的核心空间的作用。整个小区的水箱设在钟楼内，既实用又美观。

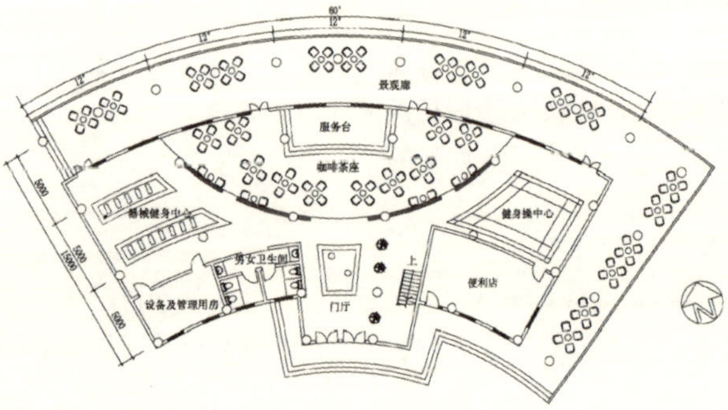

会所一层平面图

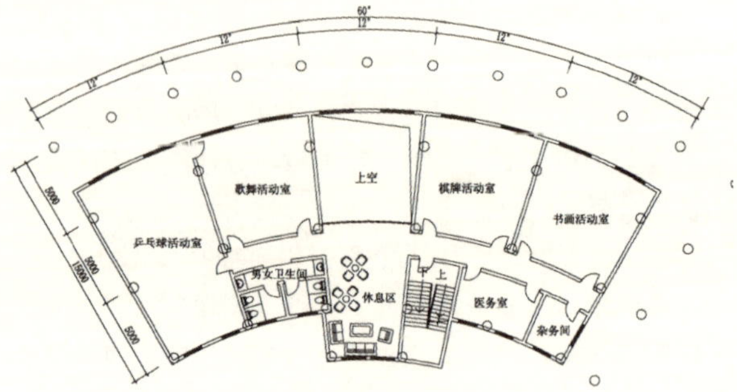

会所二层平面图

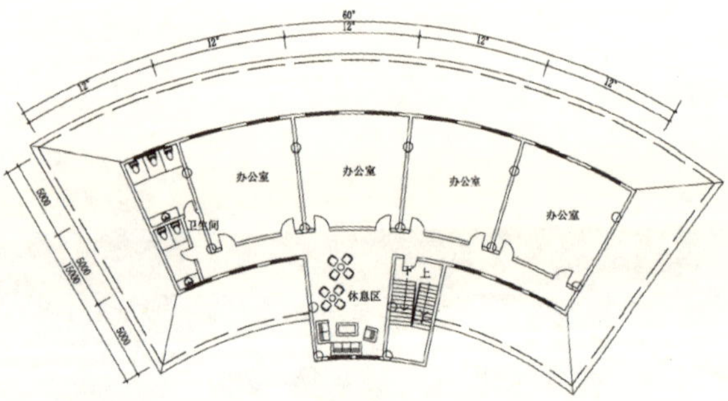

会所三层平面图

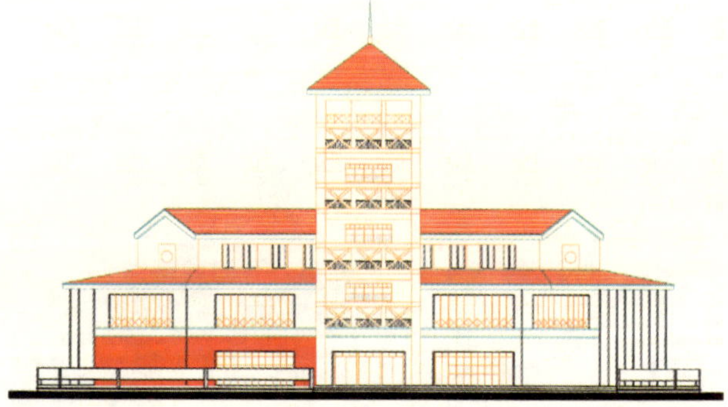

会所南立面图

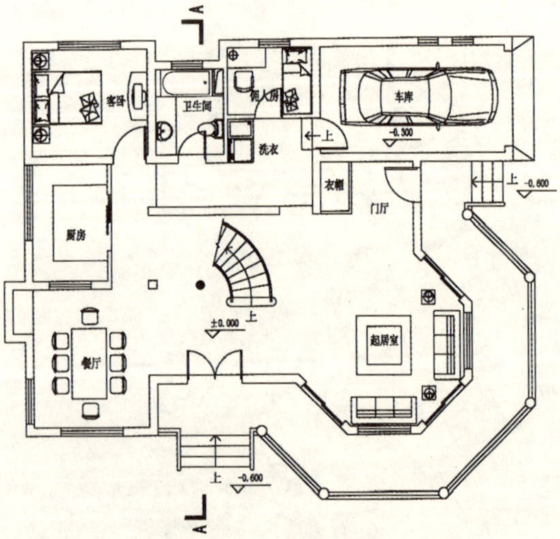

A型度假房一层平面图

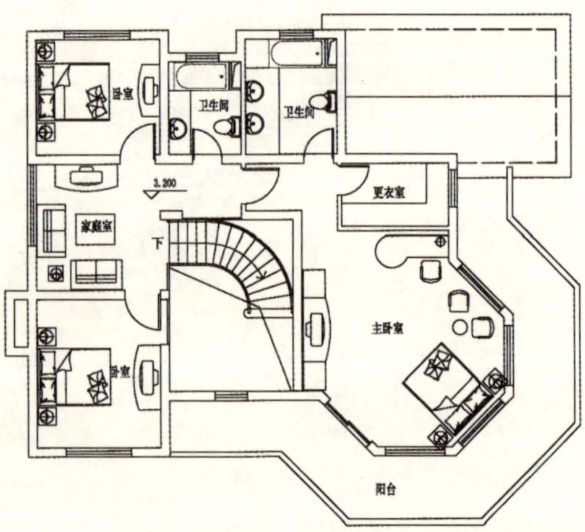

A型度假房二层平面图

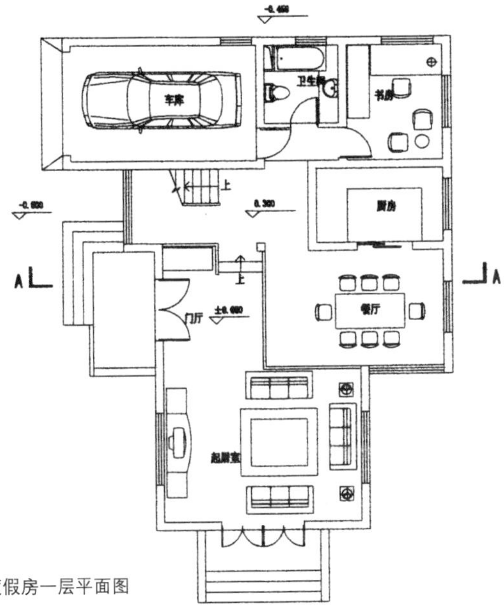

B型度假房一层平面图

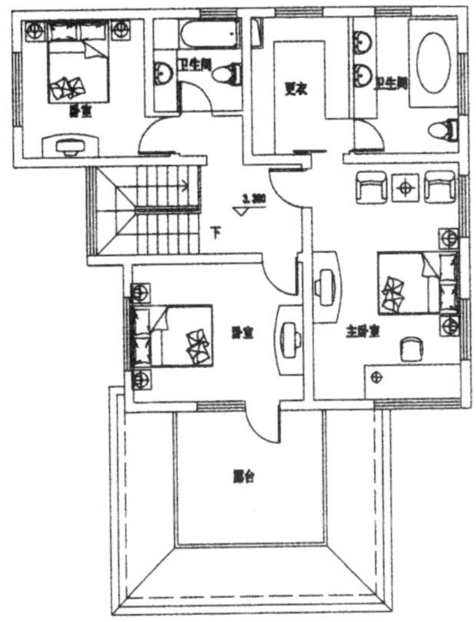

B型度假房二层平面图

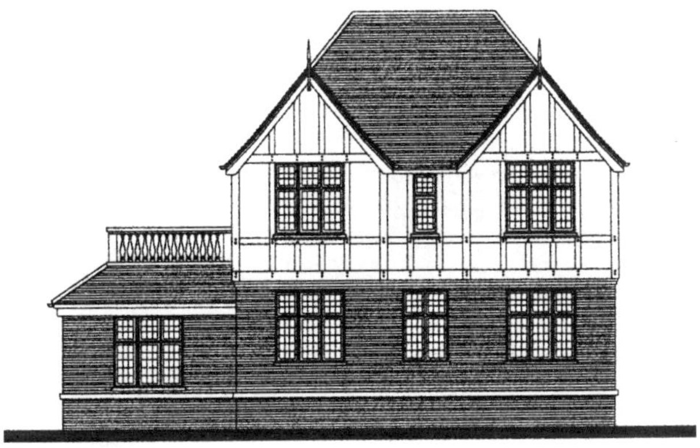

B型度假房东立面图

B型度假房南立面图

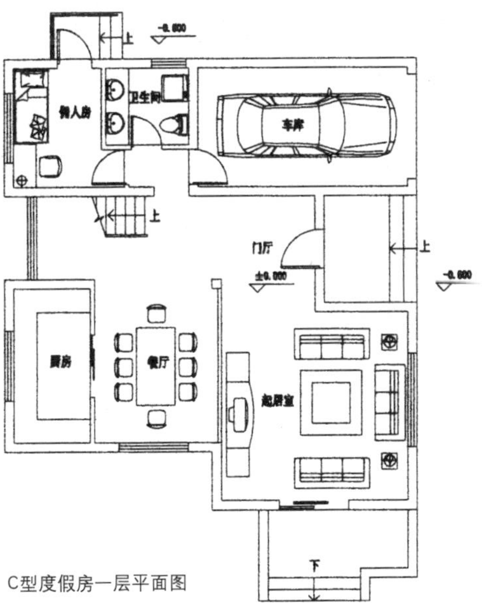

C型度假房一层平面图

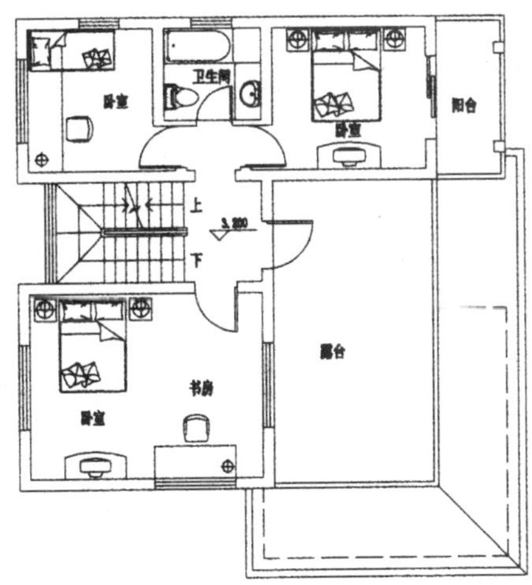

C型度假房二层平面图

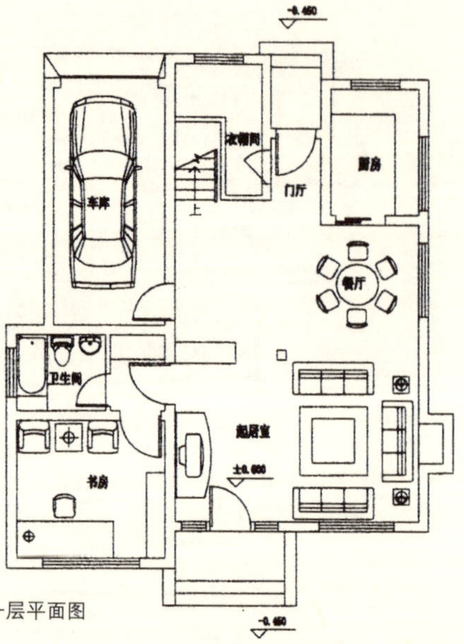

D型度假房一层平面图

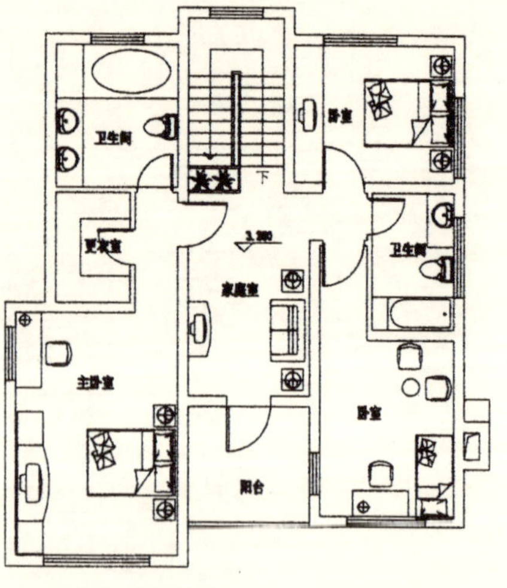

D型度假房二层平面图

鸟瞰图

3.17 “学舟”园——象山丹城中学建筑方案设计

3.17.1 项目概况

象山县丹城中学坐落在县“教育园区”西首，（东二环路以西，东大河以东，丹阳路以北周边环境条件较好。除东，南、北三侧面临城市道路而有较好的交通条件外，尚有西面的东大河提供了优美的自然景观。与其毗邻的北首是计划待建的一所小学（计划用地40余亩），基地面积95000m^2（约142亩）。

象山县丹城中学建成后，将与东侧的高教成教中心遥相呼应，对于城市化建设，繁华未来的市中心有积极作用。为了贯彻县政府、丹东街道关于两校整体规划、各自建设、相对独立的总体要求，为了体现象山城市品位、滨海城市的文化气息，我们提出了如下“学舟园”的设计方案。

3.17.2 指导思想

1.结合基地地理位置和地貌特征，创造富有个性的建筑布局与总体规划结构形式。

2.创造优美的校区环境，使入学者热爱学校并因之自豪；给来访者留下深刻印象。

3.合理布置绿化、景观小品，让每位师生都能最大限度地享受阳光、绿化、空气和清新的风。

3.17.3 设计原则

1.整体性原则

整体性原则主要包括功能的整体性和环境的整体性。设计注重强化学校的教学功能，并辅之以内部住宿、活动等相配合的次要功能，达到主次分明、特色突出；在环境上，主要考虑结合基地的环境特征、与周边环境的协调、时空连续性、整体效果与局部变化等问题，以取得环境的整体性。

2.尺度适宜原则

根据不同的使用空间功能和主题要求，赋予建筑物和开放空间以合适的规模和尺度。

3.生态性原则

校园区是整个城市生态体系中的一部分，它与城市整体的生态环境联系紧密。根据当地特定的生态条件和特点拟进行相适应的绿地组织和花草树木的植栽。充分考虑区域内的生态合理性，如阳光、植物、地势、风向、水面等，趋利弊害。

4.多样性原则

设计中，除赋予基地一定的主要功能外，同时给予其多样化的空间表现形式和特点，满足作为群体的人的需要。同时，服务于校园区的内部餐饮、运动设施的建筑功能亦应呈多样性、艺术性、娱乐性和休闲性的兼容并蓄。

5.科技性原则

建筑设计应考虑尽可能利用和发挥现代科技的作用，并完善学校的各项配套服务设施，使其更具时代活力。

3.17.4 设计理念

根据文化建筑的特性和时代特征，塑造具有象山本地特色的现代化中学校园。该校是个广泛面向社会的学校，生源较广，学生在学校学习活动多样化，因此在设计上要求既具有教育建筑的庄严性，又具有文化建筑的特征。为此从总体布局到立面造型设计我们力求突出文化建筑的特点及时代性，充分体现学校的教育共性和创造个性。

由于象山是海港城市，许多产业都是在渔民们与大海同生共息的基础上延续下来的，我们将主体建筑的空间形态设计为“海船”的平面，第一，改变了若干年来千篇一律的平板式建筑形式；第二，可以勾起大海的后代——诸

总平面图

多莘莘学子们对于祖先的尊敬，成为激起他们为了继承祖先的愿望而奋发图强的策动力。第三，寓意“长风破浪会有时，直挂云帆济沧海”，祝愿21世纪的栋梁们通过中学这一成人化的过程，扬起人生的风帆，驶向理想的彼岸。整个设计一石三鸟，做到了形态、功能、理念的“三位一体”。

同时在各主要建筑入口立面上，我们都用规整的对称性保证了教育建筑的庄重和深度。海船平面的中间是绿化的内部庭院，同时提供了同学们、师生们交流的场所空间。

3.17.5 平面设计

1.根据平面设计上使用要求与功能特点进行功能布局，各空间采用模数化设计，构成了单元性很强的教室空间，以满足多样的授课需要。

2.设计引入了“开放空间”的概念，不仅教学楼、科技楼、宿舍局部架空，内部提供了院落空间，各层的适当部位也安排了休息区、展示区等。校区不仅在视觉通风上有较高程度的效率，各部的有机性连接也大有进步。

3.教室多南向或设南向走廊，避免内中廊模式。

4.根据学校功能的完整性，设计中增添了造型上有所变化的报告厅，赋予了实用功能和优美造型，风帆形的顶使它成为学校内部标志性建筑物。

宿舍设计表达了随时间和学生人数增加，对现有宿舍高度利用和较灵活地使用。

3.17.6 建筑造型

1.建筑形象表达了中学较社会现实的特性，造型上力求凸显实用与效率、机械与文艺综合的品质，运用了一些新技术、新材料、新工艺。大体块的实墙与玻璃对比穿插，轻重体量协调，各体量既开放、又有空间延伸感，使各建筑既有区别又有统一的整体感，行政大楼既有环抱迎接感，又有积极向上的动势。

2.建筑造型注重避免出现古板的形象，并注重与周边环境的协调，用遮阳板、楼梯、栏杆等元素丰富立面造型，创造出轻快、飘逸的意象。

3.17.7 规划设计

1.总体布局

构筑一个有机的整体，并创造出积极而有趣味的室外空间成为总体规划设计的一个重点。经多方案比较，最终形成“一轴四区”的总体布局，并着重进行如下考虑：

本小区规划用地范围约142亩，地形呈矩形，但与正南朝向有一个较大的交角，浙北地区在建筑单体上有严格的正南朝向要求，因此设计时在重点考虑功能分区的同时须满足形态设计的区间联系，要求既分又和。本方案运用由道路转角引入校园中央的、个性独特的斜向景观主轴和绿化步行系统贯穿4个主要建筑，在产生优良的环境的同时照顾各组团之间的联系。

在平面构图上避免了呆直的行列式空间布局形式，形成了活泼而连贯的规划布局，产生了即分又合的结构形式，有围而不隔，隔而不围的空间规划理念。同时对功能用地、发展强度、服务设施等均进行了合理的全面的考虑。

2.交通组织

道路系统是规划的重要组成部分，本方案在设计中考虑有人行系统与车行系统之分，停车位考虑人们的方便以及数量的原因而设于建筑旁，同时离院落空间有一定的距离、环绕于主体建筑四围的道路为自行车行道，引入的道路为尽端式，避免车辆对绿带及人行系统的穿越，同时增加绿化面积。交通组织设计重点体现道路的三大功能：交通功能、交往功能和景观功能。

3.绿化景观

绿地的设计采取分散与集中相结合，绿化设计以点、线、面相结合，并充分考虑和谐的交流空间。绿化设计强调层次性，从最外围的岩东大河城市绿化带至地块中景观轴上集中绿地、庭院绿地各具特色以满足各种不同需要，营造出一个舒适宜人的小气候以及真正的绿色生活环境。

大部分建筑底层设院子并提高底层住宅标高600~900mm，有利于底层住宅防潮并利用高差，同时协调室内外空间的过渡和庭院空间尺度，自行车道采用尽端式，以增加绿化覆盖，减少道路面积。

4.景观系统

建筑空间形式与环境景观序列始于基地南端入口广场，向北延伸，形成中心的景观主轴。入口广场是景观序列上的第一个节点，造型轻盈的大门和标志性的报告厅成为丹阳路的第一视觉焦点。由入口往北便进入景观主轴，以行道树为中心组织中央绿化景观区。沿东大河绿地设立了许多景观小品设施，以创造优质的步行景观环境。步移景易的设计理念渗透在线形的步行道路中，让人们感受到校园内部处处皆景，丰富了环境，成为景观主轴上点缀的小节点。

5.环境设计

1）学校内外环境相互利用、借鉴，如教学楼、科技楼、宿舍、食堂通过迎向东大河的长廊借到了东大河沿岸的优美“背景色”。

2）学校内道路多采用软性铺地，使校区有更多绿化。校园内乔木与灌木参差相间，使人与建筑自然融洽协调，达到“天人合一”的境界。

3.17.8 校园给排水及供电说明

中小学校自来水供给以基地南面丹阳路进，废污水排放自下水道出，采用雨污分流的排水方式，达到国家生活污水排放标准。

中小学校变电所设在基地南面，丹阳路边上。校内电线基本采用电缆埋置的方式，使得地面以上干净、整齐、环境优美。

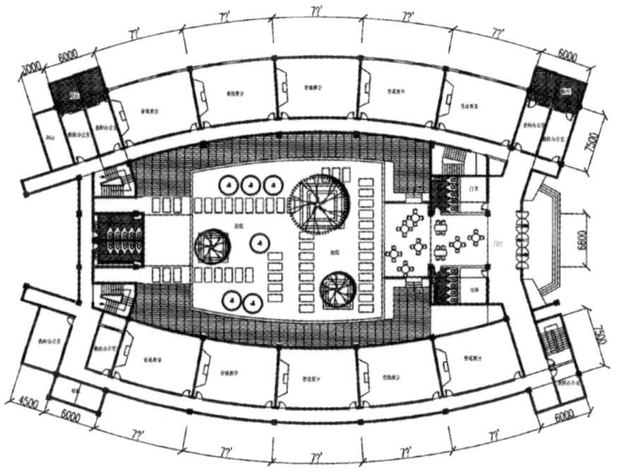

教学楼一层平面图

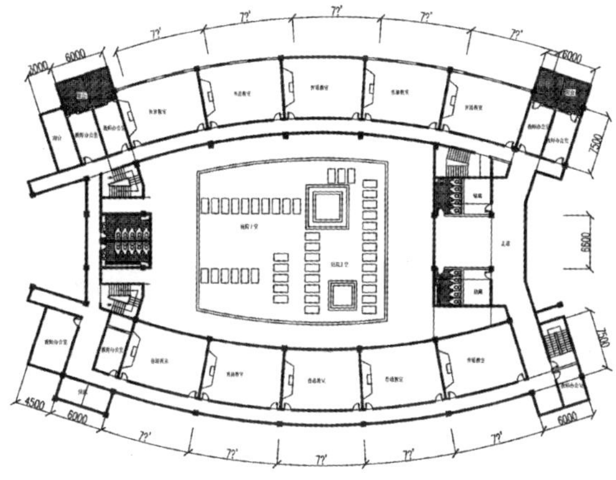

教学楼二层平面图

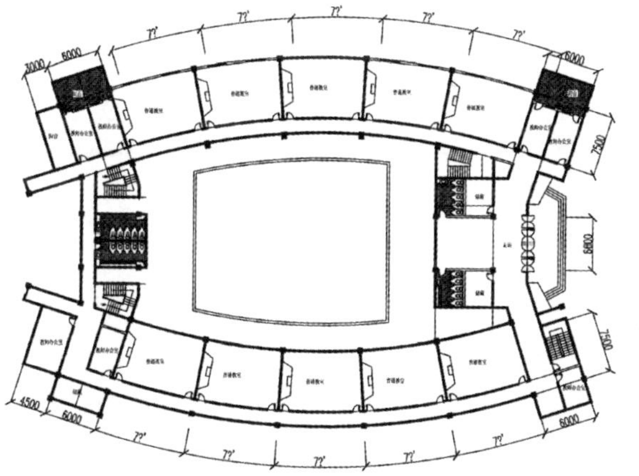

教学楼三、四层平面图

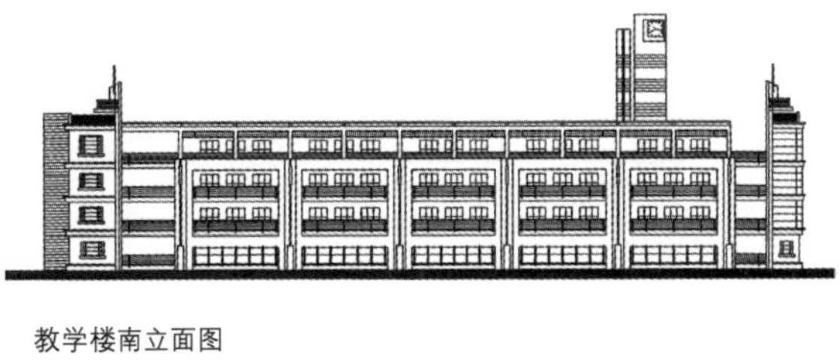

教学楼南立面图

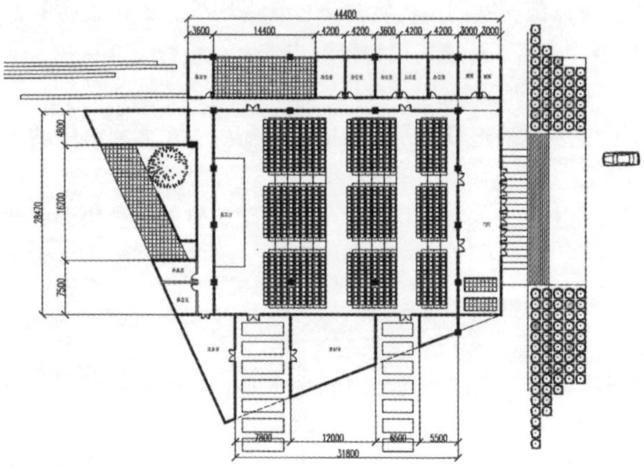

报告厅一层平面图

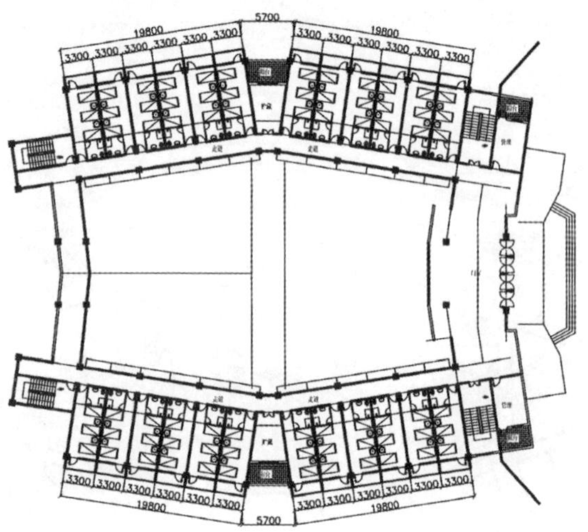

宿舍一层平面图

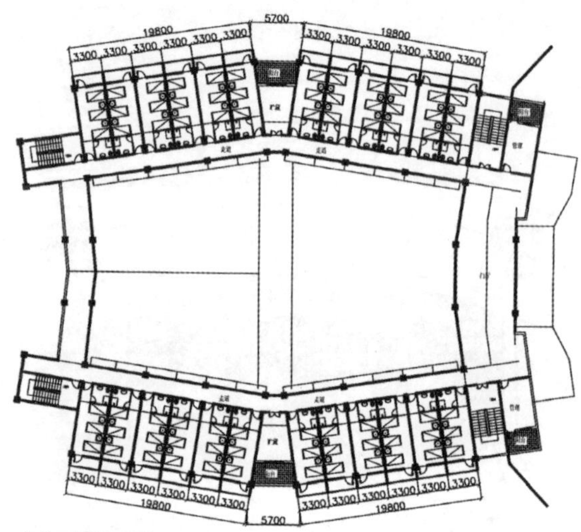

宿舍二层平面图

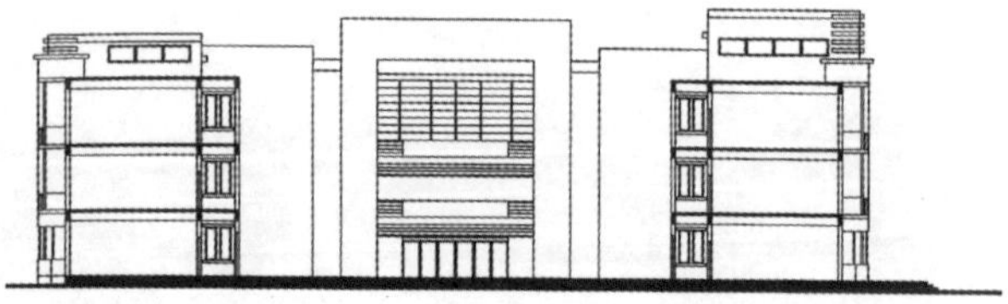

宿舍剖面图

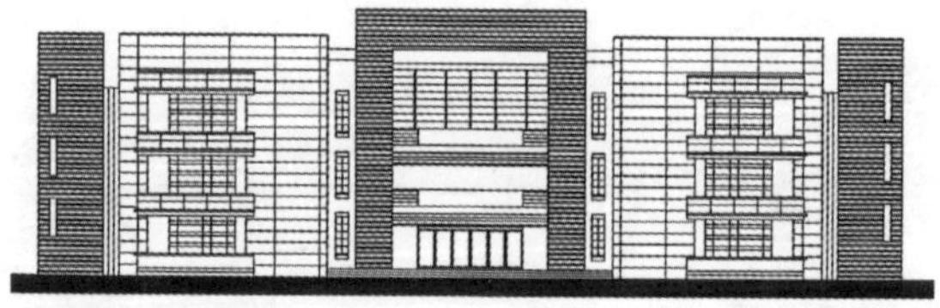

宿舍东立面展开图

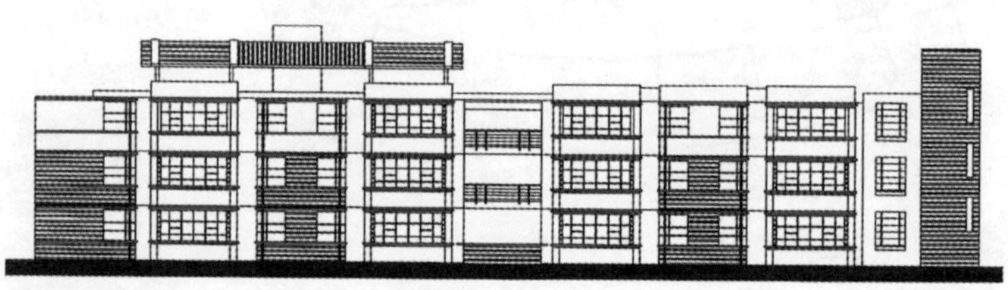

宿舍南立面展开图

3.18 可持续发展的绿色休闲住宅建筑

人类进入21世纪后，世界环境问题不但受到各国政府普偏重视，而且还进一步引起了普通百姓的关注。地球环境的恶化不仅影响到人类的健康与安全，还将关系到人类的长远发展，人们用大量财力物力来建造钢筋混凝土建筑和钢结构建筑，而这些建筑建成使用百年以后，建筑功能将会有所变化，建筑材料将老化，建筑本身有可能被淘汰，剩下的庞然大物将成为一堆垃圾，因此人类在建造房屋时，既要考虑现在的使用状况，又要考虑百年以后这些建筑的出路何在，地球上可利用的自然资源是有限的。随着世界人口快速发展，人们已经感觉到了忽视环境而造成的破坏，如森林资源的快速减少，河流的严重污染，城市有害废气漫延，各种建筑材料的化学反应，能源过渡使用，最终都将危及人类，走持续发展的道路，给子孙后代留出生存的空间，将是21世纪各国都值得重视的问题。

用木材造房子，人类自古就有，人与树木的关系是相互依赖与相互生存的关系，如果哪一天地球上没有了树木，人类也将灭亡，如何既使用木材，又合理地节约木材，这是建筑师们值得重视的课题。园顶建筑一个壳体的生态住宅，它的外形像半个馒头，壳体木板厚80mm，住户可以自己拼装建造房屋。整个建筑抗震性能好，在自然界的暴风雨侵蚀下，不易产生破坏，它的室内布置可根据可持续发展原理，适应家庭人口变化规律，从独身到新婚，到有了孩子后居住也方便，以致孩子大了以后离开父母，老人独自居住。室内装修基本用木材料、螺栓、钢板进行组合拼装，如果需要搬家时，整幢房屋从外壳圆顶木壳结构到室内框架梁板结构以致楼梯、栏杆、扶手、家具都可以进行拆卸后，搬到另外所需的地方安装重组。

L型生态住宅室内透视图

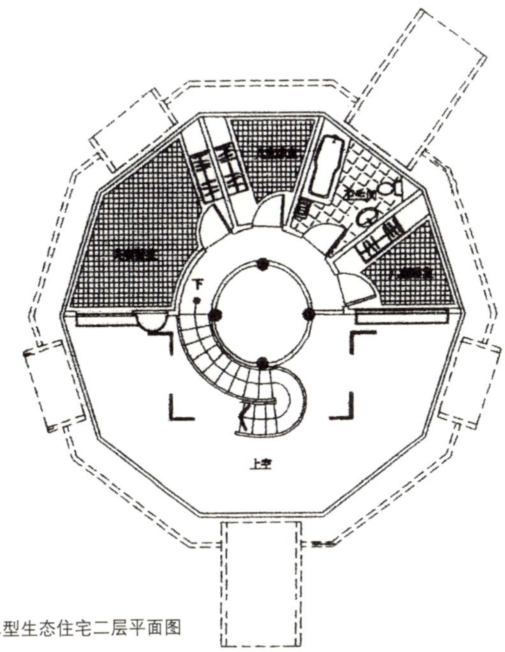

L型生态住宅二层平面图

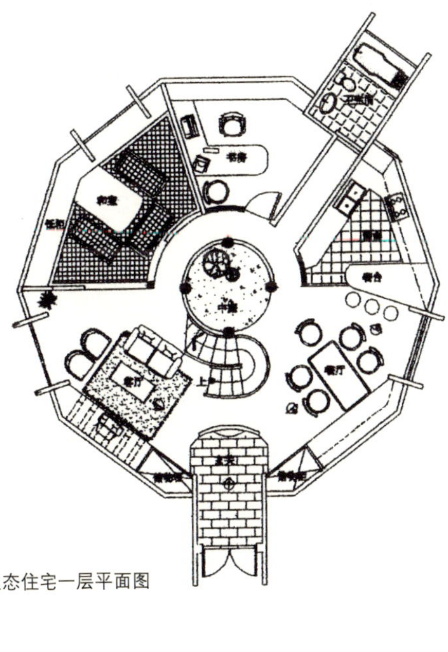

L型生态住宅一层平面图

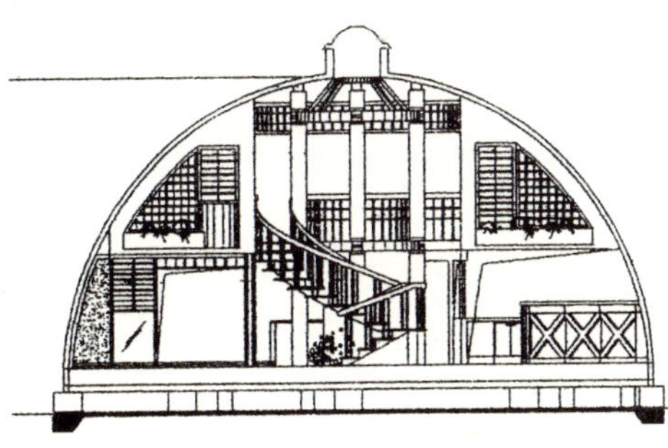

L型生态住宅剖面图

M型生态住宅室内透视图

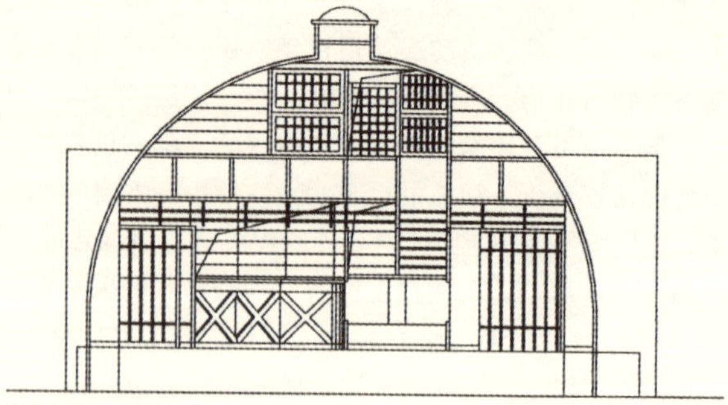

M型生态住宅剖面图

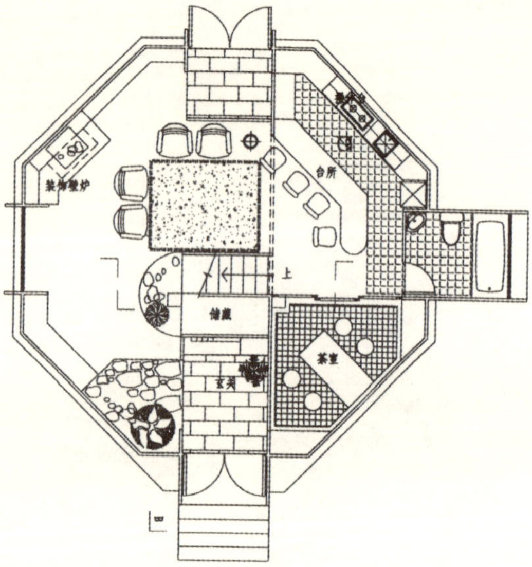

M型生态住宅老年夫妇期一层平面图

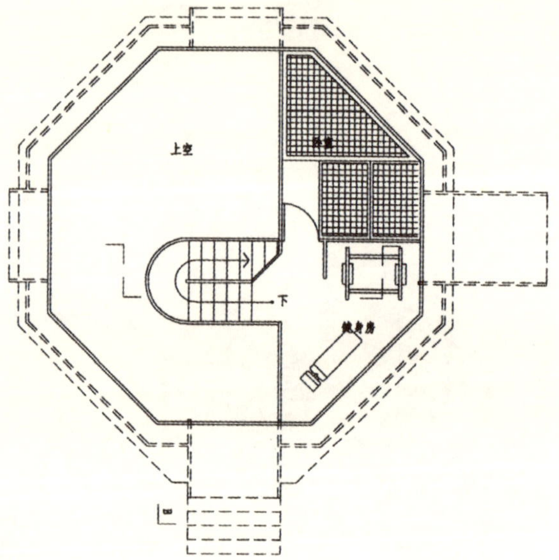

M型生态住宅老年夫妇期二层平面图

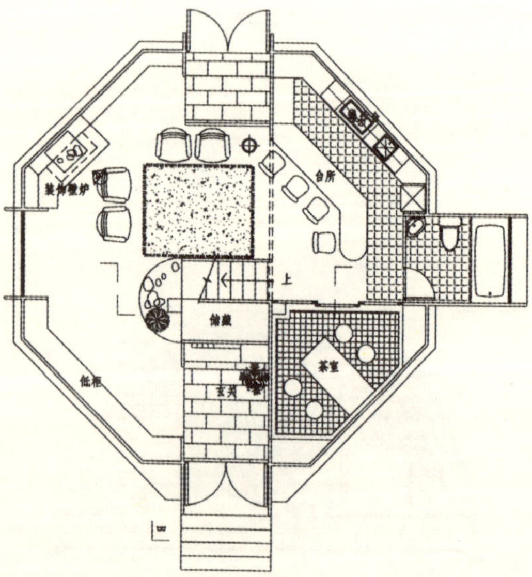

M型生态住宅新婚夫妇期一层平面图

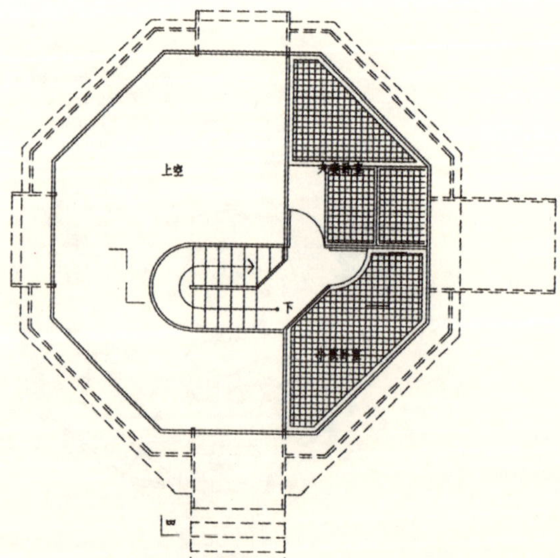

M型生态住宅新婚夫妇期二层平面图

M型生态住宅室内透视图

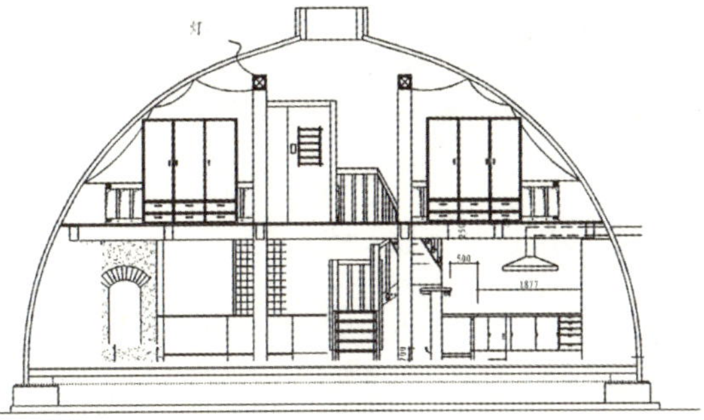

M型生态住宅剖面图

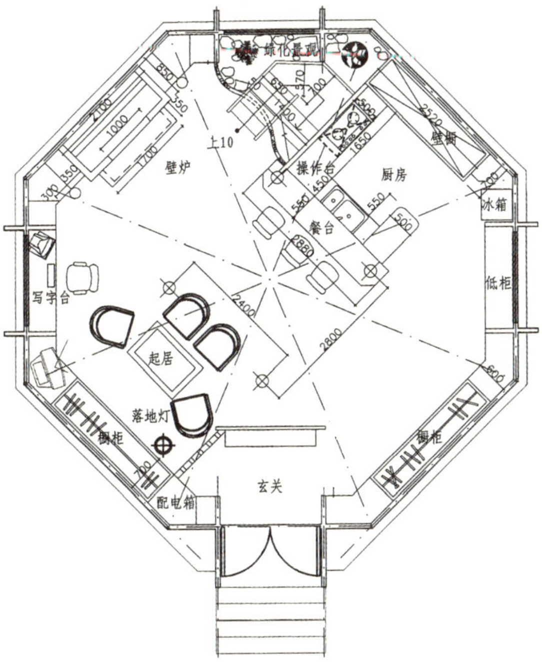

M型生态住宅一层平面图

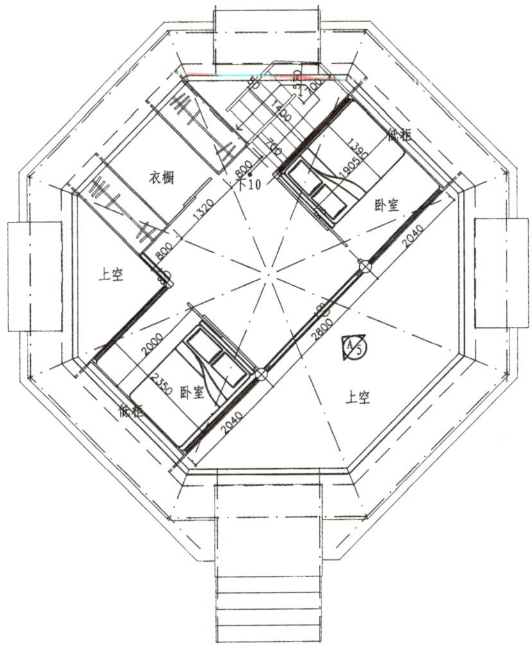

M型生态住宅二层平面图

S型生态住宅室内透视图

S型生态住宅室内透视图

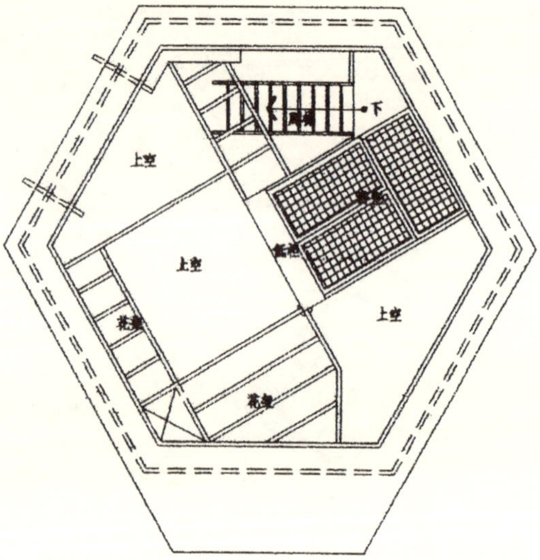

S型生态住宅二层平面图

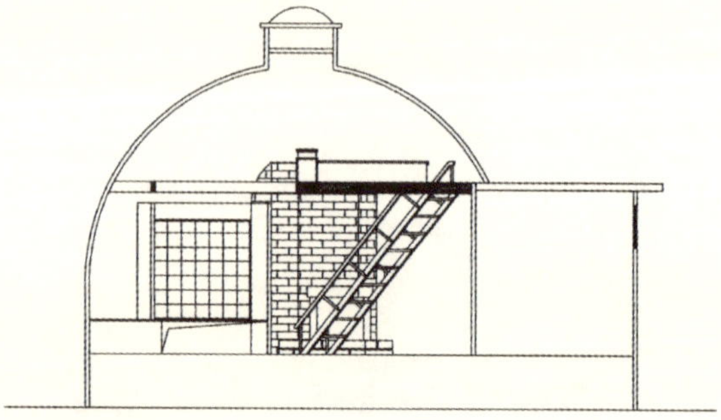

S型生态住宅剖面图

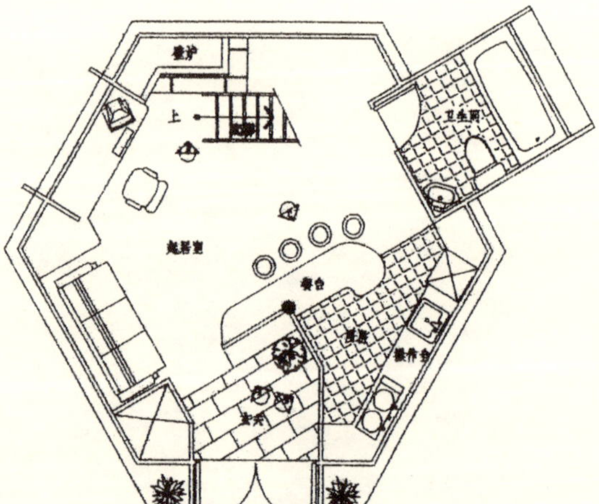

S型生态住宅一层平面图

生态酒吧室内透视图

生态茶室室内透视图

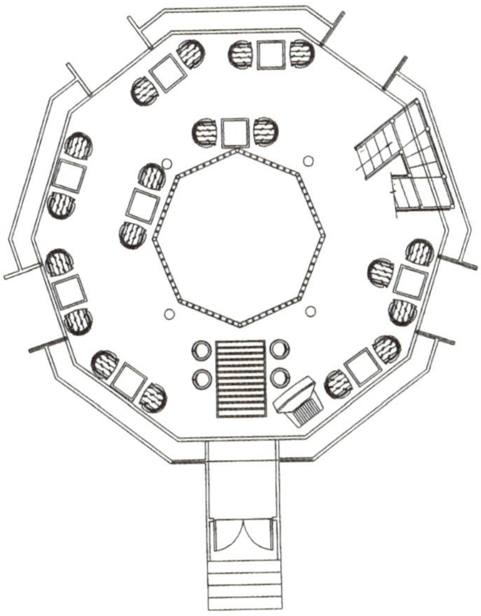

生态酒吧二层平面图

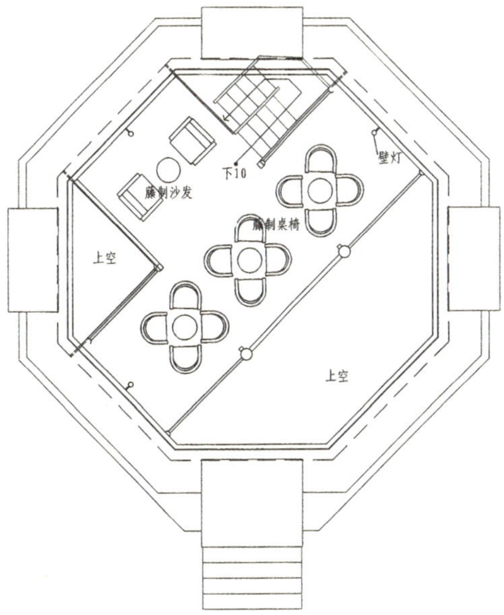

生态茶室二层平面图

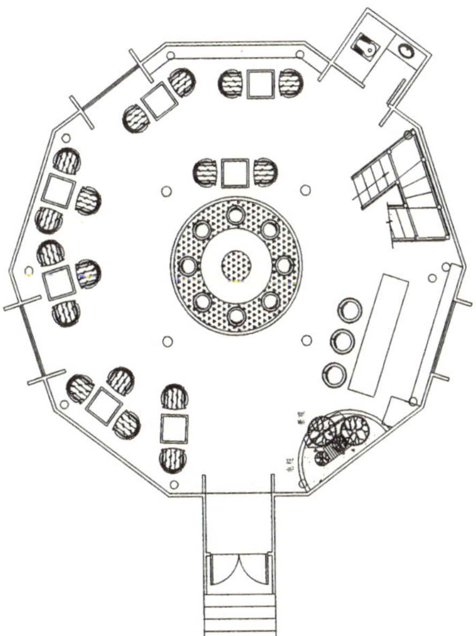

生态酒吧一层平面图

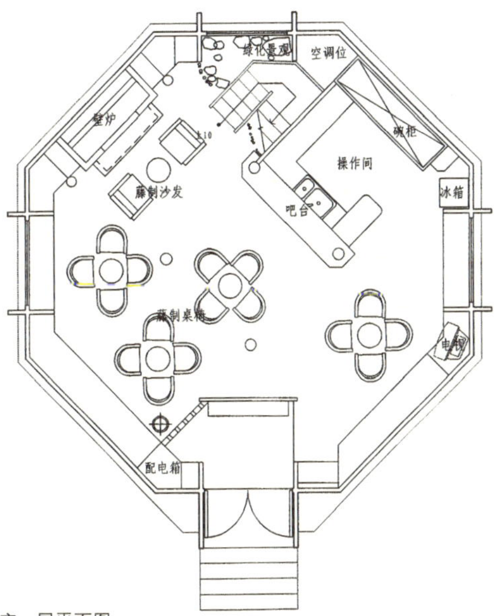

生态茶室一层平面图

3.19 江西省余江县龙岗新城规划设计

3.19.1 用地规划

1.用地规模：本次规划总用地为390.74hm^2。主要包括居住用地、公共设施用地，道路广场用地、绿化用地等。

2.建筑规模：本次规划总建筑容量为419.18万m^2。主要包括居住建筑、公共设施等。

3.居住人口：本次规划居住人口控制在7.0万人口。

3.19.2 功能定位

规划区作为龙岗工业新城的起步区。将体现地区的城市的角色；服务于城市整体并与其他中心共同构成完整的体系；在城市中心网络体系承担专项和差异性的特色功能；同时应为本地区提供完善的公共活动和生活服务等功能。

本次规划确定中心区的功能定位有以下4点：

1.鹰潭西翼服务集聚核心

2.余江城市公共活动中心

3.龙岗新城产业服务基地

4.山水特色和谐宜居社区

龙岗新城规划图

3.19.3 规划结构

1.规划要点

行政文化，核心引领；

邓洪主轴，东西延展；

功能节点，环状串联；

居住组团，有机融合。

2.行政文化，核心引领

本次规划在基地几何中心设置行政和文化中心，形成整个规划区的核心功能区，引领整个起步区的建设。

3.邓洪主轴，东西延展

强调邓洪公路的轴线作用，向东连接洪湖风景区，向西连接余江城区，强化与周边区域的对拉。

4.功能节点，环状串联

规划以行政文化核心功能区，在其外围形成半环状的功能带，串联社区中心、娱乐休闲中心、商业中心、生产服务中心等主要的功能节点，与行政文化核心区呈环抱之势。

5.居住组团，有机融合

规划根据主要道路的分割形成四个居住片区，强调片区之间配套设施和绿化景观的共享，使之形成有机的整体。

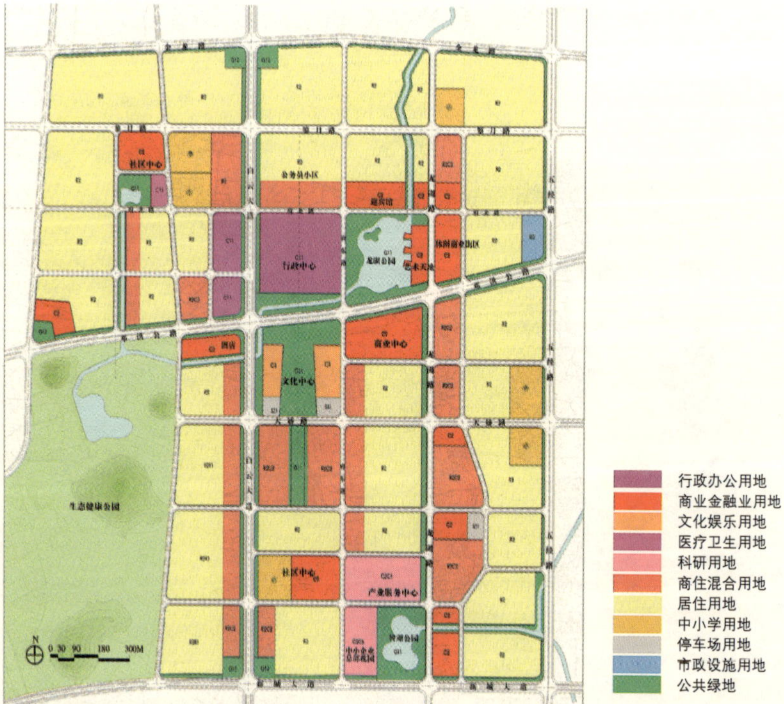

用地规划图

3.19.4 景观规划结构

1.一心——一个标志性的城市公共核心：以行政办公大楼、行政

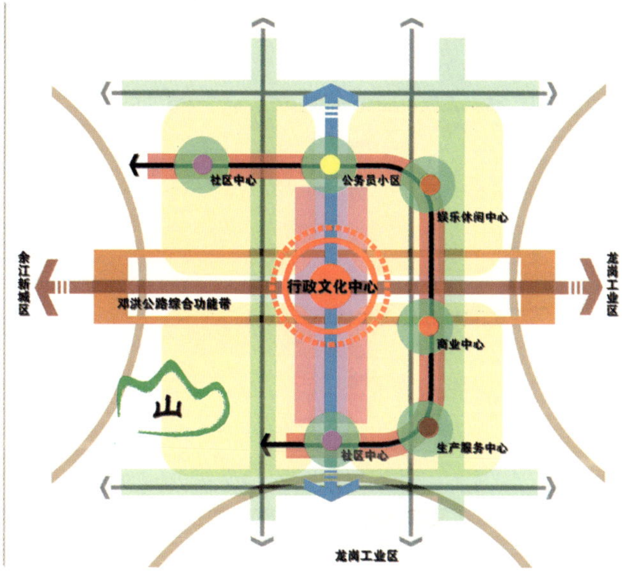

规划结构图

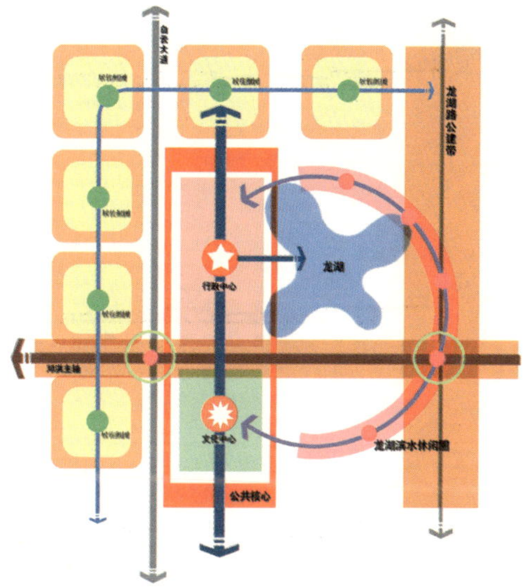

中心区规划结构图

广场为心，结合文化馆、展览馆等特色建筑所形成的核心区域。两轴——两条明快的城市轴线：以邓洪大道为横轴，行政中心南北向的轴线为纵轴。

2.一圈——一个滨水而环的休闲圈：以龙湖公园为心，周边环绕布置迎宾馆、娱乐中心、商业内街、商业MALL等设施。一带——一条公建带：核心区域东侧沿龙湖路设置带状以公建为主的中高层建筑带，形成良好的城市天际轮廓线，与核心区交相辉映。

3.两点——两个景观节点：邓洪大道、白去大道节点，邓洪大道、龙湖路节点。

4.六组——六个居住组团：核心区西侧和北侧环绕布置六个居住组团。

3.19.5 绿地系统规划

1．“一心三园”

规划以基地西侧的生态健康公园形成绿心，内部主要形成三个城市绿地公园，分别为龙湖公园、文化公园和南侧的智湖公园，共同为市民提供良好的城市开放空间。

2．“多点多带”

规划沿主要道路均控制一定宽度的绿化带，形成网络状的绿化体系，同时主要道路的交汇之处形成多个街头绿地广场，共同构成“点、线、面”有机结合的绿地系统。

绿地系统规划图

3.19.6 公共设施规划

1.公共设施用地

本规划区的公共设施用地为50.31hm^2，占本规划区建设用地的12.9%，主要包括行政办公用地、商业金融用地、文化娱乐用地、医院用地和科研办公用地。

2.公共中心规划

本规划区的公共中心可以按照新城级公共中心和地区级公共中心两级布局。其中：新城级公共中心指规划区中部设置的包括行政办公、商业服务、文化娱

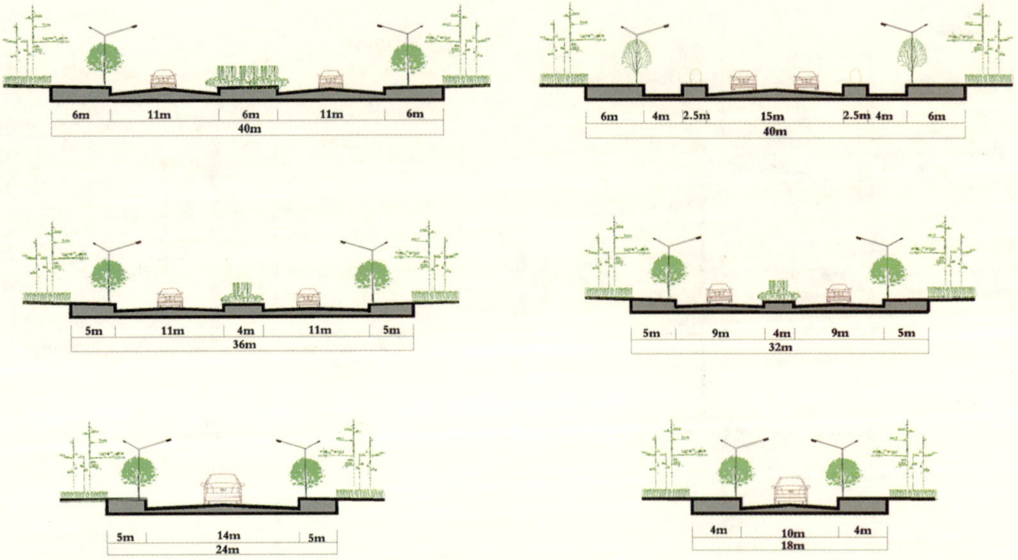

道路系统规划图

乐等功能在内的城市公共活动中心以及南部的生产服务中心；地区级公共中心即居住小区级社区中心，主要是为本片区的居民提供日常服务的公共中心，主要包括中小学、幼托、商业、居委会等设施。

3.公共设施规划

1）行政设施规划：本规划区行政办公用地为12.931hm^2，占规划建设用地的3.3%。主要为新城的行政中心，另外沿白去大道邓洪大道规划行政办公区。

2）商业设施规划：本规划区商业金融用地为25.331hm^2，占规划建设用地的6.5%。主要是由新城级商业设施和社区级商业设施组成。

3）文化设施规划：本规划区商业文化娱乐用地为3.281hm^2，占规划建设用地的0.8%。主要是由整个新城提供服务的综合性文化建筑。

4）医疗设施规划：医疗设施主要为社区级医院，占地约为0.721hm^2。

5）研发办公设施：规划区除了普教设施之外，还规划了两处研发办公用地，占地面积为8.061hm^2。主要为新城工业提供研发、办公等功能。

3.19.7 居住用地规划

1.居住用地

规划居住用地157.541hm^2，占规划区建设用地的40.3%。商住混合用地51.701hm^2，占规划区建设用地的13.2%，居住人口7.01万人。根据规划结构和居住用地布局等条件，将规划区划分为南北两个居住片区、四个组团。两个片区各自形成一个以小学、超市菜场等商业设施形成的社区服务中心。

1）南部居住片区

南部居住片区位于邓洪公路以南，居住用地规模为85.001hm^2，商住混合用地25.671hm^2，居住人口3.19万人。本片区在南部设置社区中心。片区居住建筑以多层为主，并可在西侧山体公园一侧适当设置低层住宅。沿主要城市道路沿线可以布置高层居住建筑。

2）北部居住片区

北部居住片区位于邓洪公路以北，居住用地规模72.541hm^2，商住混合用地26.031hm^2，居住人口3.82万人。片区居住建筑以多层为主，沿主要城市道路沿线可以布置高层居住建筑。近期保留罗家村和郑家村，但应对其立面进行改造，与整个规划区风格协调。

2.普教设施规划

本规划区普教设施用地为11.81hm^2，占规划建设用地的3.0%。包括小学四所，中学两所。其中：小学四所，占地面积7.121hm^2，每所规模为24～36班；规划两所初级中学，占地4.691hm^2，每所规模为36班。

另外结合居住用地设置幼托8所，每所占地面积为0.301hm^2。

3.19.8 规划控制单元

1.控制原则

——总量控制，分区管理，重点控制

结合城市特征，按照统一的规定，将城市划分为若干个编制单元及地块，从而形成规划区编制单元地块分层次的工作层面，做到宏观、中观、微观多层面的科学规划和管理。对重点地段（如重要的景观大道、滨水区域、城市节点等）进行重点控制，并通过城市设计对城市形态加以引导。

2.划分控制单元

依据城市主次干道等界限，继续划分规划控制单元（规模约为$1km^2$左右），作为进一步细化到地块的控规编制和控规局部调整的最小研究范围和城市建设管理的基本单位。同时，尽量将控制单元的划分与社区行政管理分区相一致，为城市规划和城市管理的统一奠定基础。

本规划区可分成A、B、C、D四个控制单元。

规划管理单元	占地面积（hm^2）	总建筑面积（万m^2）	居住人口（人）	公共绿地（hm^2）
ZXQ-A	69.43	95.26	1.83	6.64
ZXQ-B	88.08	111.58	1.99	16.02
ZXQ-C	48.48	62.97	0.87	10.31
ZXQ-D	116.49	149.37	2.32	15.15

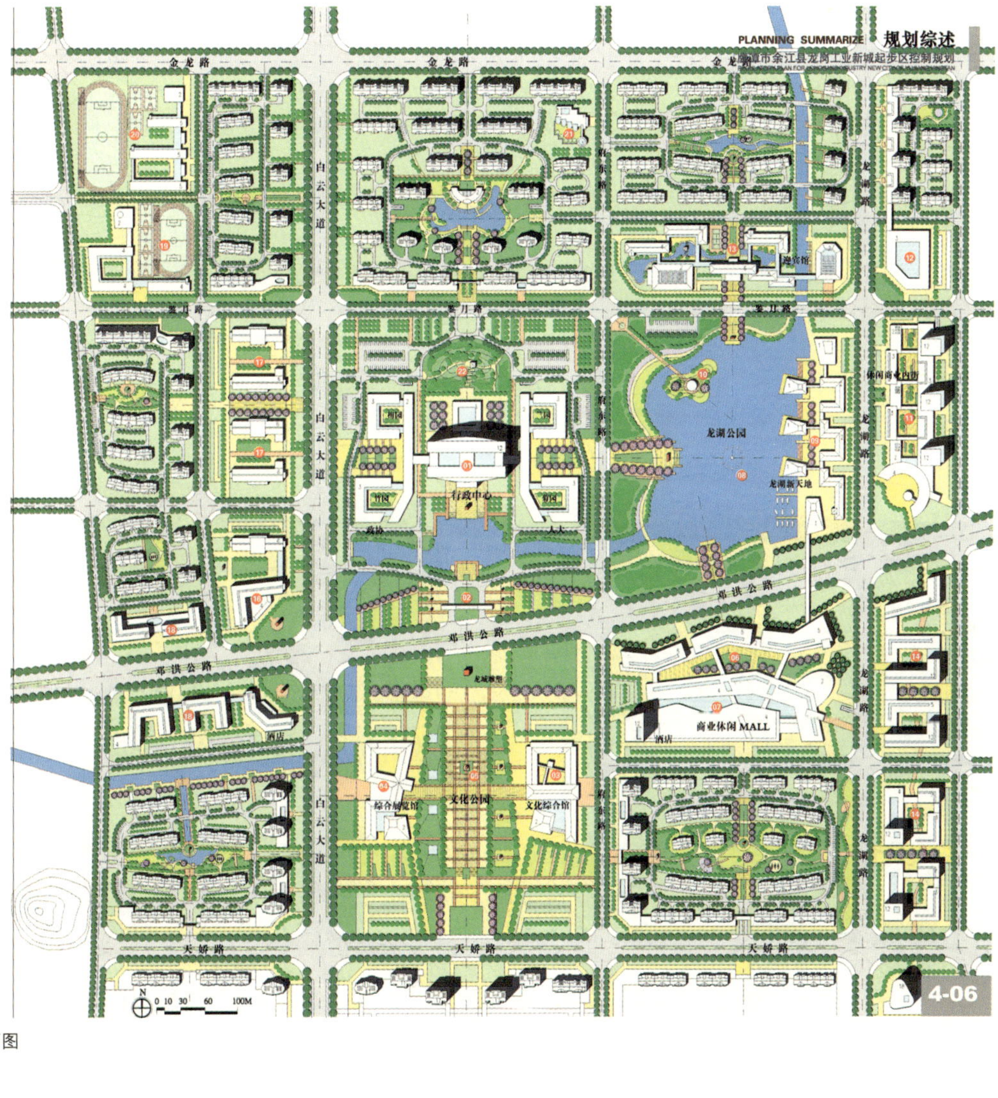

中心区总平面图

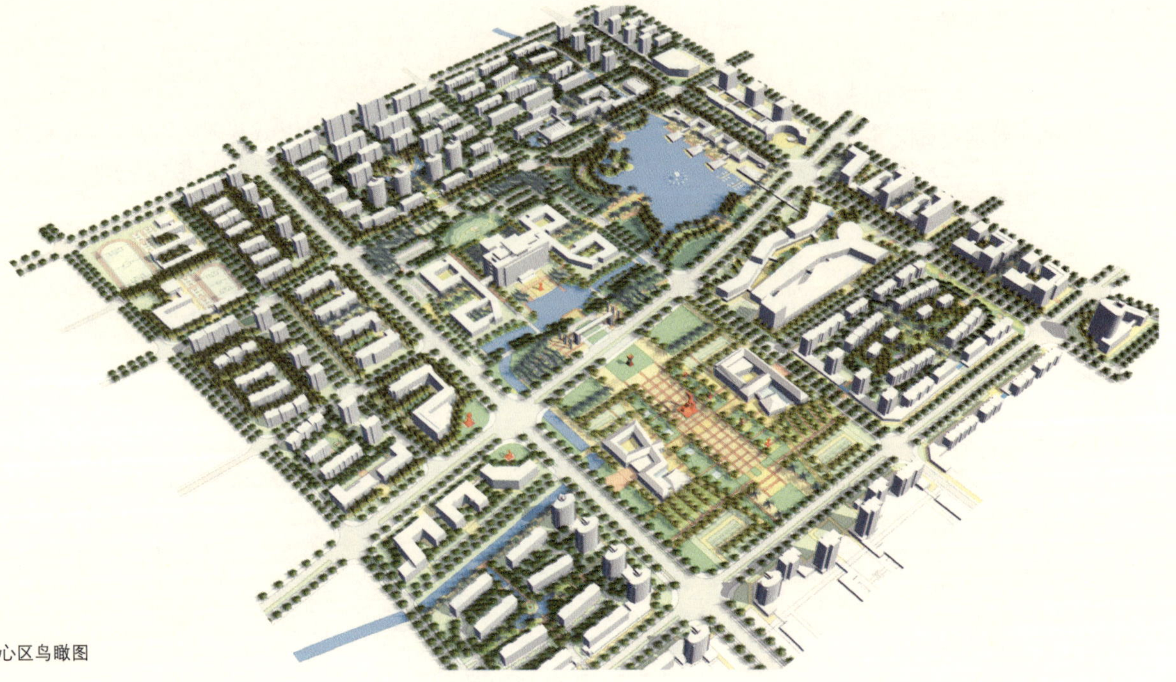

中心区鸟瞰图

3.19.9 行政区方案说明

行政区是余江新城区启动建设的重要部分，其涵盖了除县政府之外几乎所有的行政主管部门，是未来余江县发展的管理核心。

规划的三个方案从整体上具有几大特征：规划方案总体上遵循低密度开发的原则，形成园林化、景观式办公场所。

1.规划的行政区与东部政府区和市民广场隔路相望，通过东西向的景观轴线与之相呼应，从而形成一个完整的行政中心。

2.规划强调沿邓洪公路的界面统一性，通过建筑高度和建筑沿街退界的控制，强化邓洪公路作为城市门户通道的景观作用。

3.方案中均把后勤服务中心与会议中心等重要的行政服务功能安排在基地中心位置，形成明确的功能划分，同时，可以提高后勤服务的使用效率，避免重复建设，使各个行政部门都能以最便捷的方式获得最优质的服务。

4.方案一侧重环境塑造，在有规律的建筑排布中，通过园林式景观的塑造，寻求整体的变化。各大行政部门环绕

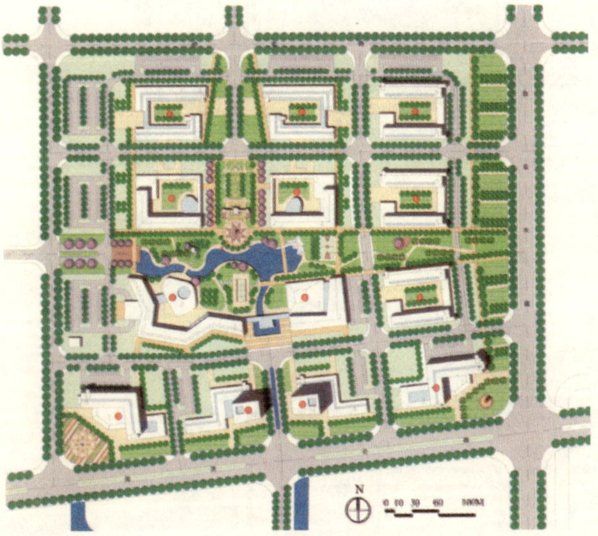

行政区规划方案一

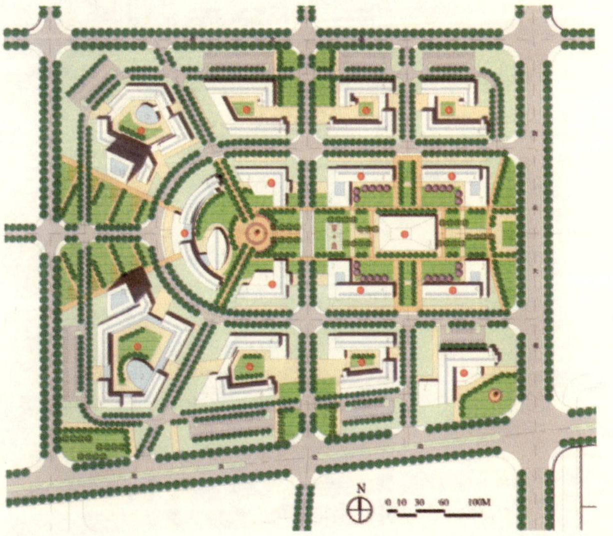

行政区规划方案二

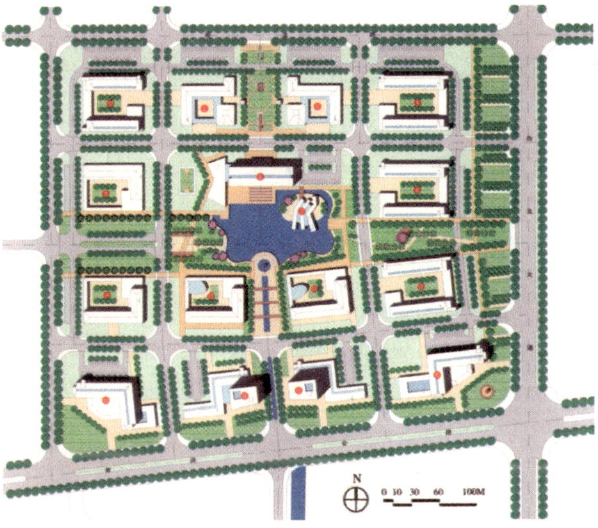

行政区规划方案三

分布在服务中心四周，通过东西、南北两条景观轴的有效组织和建筑高度的精心安排，形成错落有致的园林式布局。该方案尤其注重对邓洪公路沿线的界面塑造，通过四组建筑的塔楼和裙房的控制以及街头街尾开放空间的控制，突出强调邓洪公路的门户概念。

5.方案二通过半环状加放射路网来组织整体空间，使建筑布局规整中相对活泼。半环状道路内部建筑及景观以中心对称的形式布局，外部建筑则相对较自由。方案强调东西向轴线与东部政府区和市民广场的对景关系。

6.方案三通过两横两纵的道路网格局形成相对较规则的方格网用地，16组建筑分别布置在各用地中，各自为政互不干扰，并以十字形的景观轴线居中，寻求变化，充分体现了韵律感和古典美。

3.20 河南省商丘市睢县旅游规划

3.20.1 现状汇编

1.基本概况

睢县位于河南省东部，是豫东地区最为古老的县市之一。地处北纬34° 12'30"至34° 34'20"，东经114° 51'至115° 12'20"。睢县地处豫东平原，隶属于商丘市，东靠宁陵，西接杞县，北临民权，南与太康接壤。全县南北长41km，东西宽33km，总面积924km²，占全省面积的0.54%。睢县城西距省会郑州140km，东至商丘60km。全县辖8镇16乡，545个行政村，1177个自然村，人口80万，耕地87万亩。

2.历史沿革

睢县历史悠久，文化灿烂，1993年被评为省级历史文化名城，在周龙岗发掘的新石器时代的遗址证明，先民就劳动生息在这块土地上。

周初，睢县属宋国。战国时期，宋国为齐、楚、魏三国瓜分，睢县一度属魏国。秦朝开始设县，初设县城于承匡，后因低洼迁至襄陵，因县城位于春秋“五霸”之一的宋襄公陵墓附近，故名襄邑，属砀郡。汉、晋、唐一直沿袭不变，但归属多有变化。

宋崇宁四年（公元1105年），襄邑升为拱州，并设保庆军节度，属京畿，以襄邑为附廓。下辖考城、太康、楚丘、宁陵、柘城五县。宋靖康元年（公元1126年），改拱州为睢州，下辖柘城、考城、重华镇。明、元、清一直沿袭。

中华民国二年（公元1913年），改睢州为睢县，属第十二行政区。1948年解放后睢县属于商丘地区。

宋靖康元年，城区有城墙护围，黄河水泛滥使城外地势越来越高，城内地势相对越来越低，黄河水始终威胁着州城。在明嘉靖年间，洪水溃决城墙，将州城变成一片汪洋。此城被称为旧城，历时450年。明嘉靖34年（公元1555

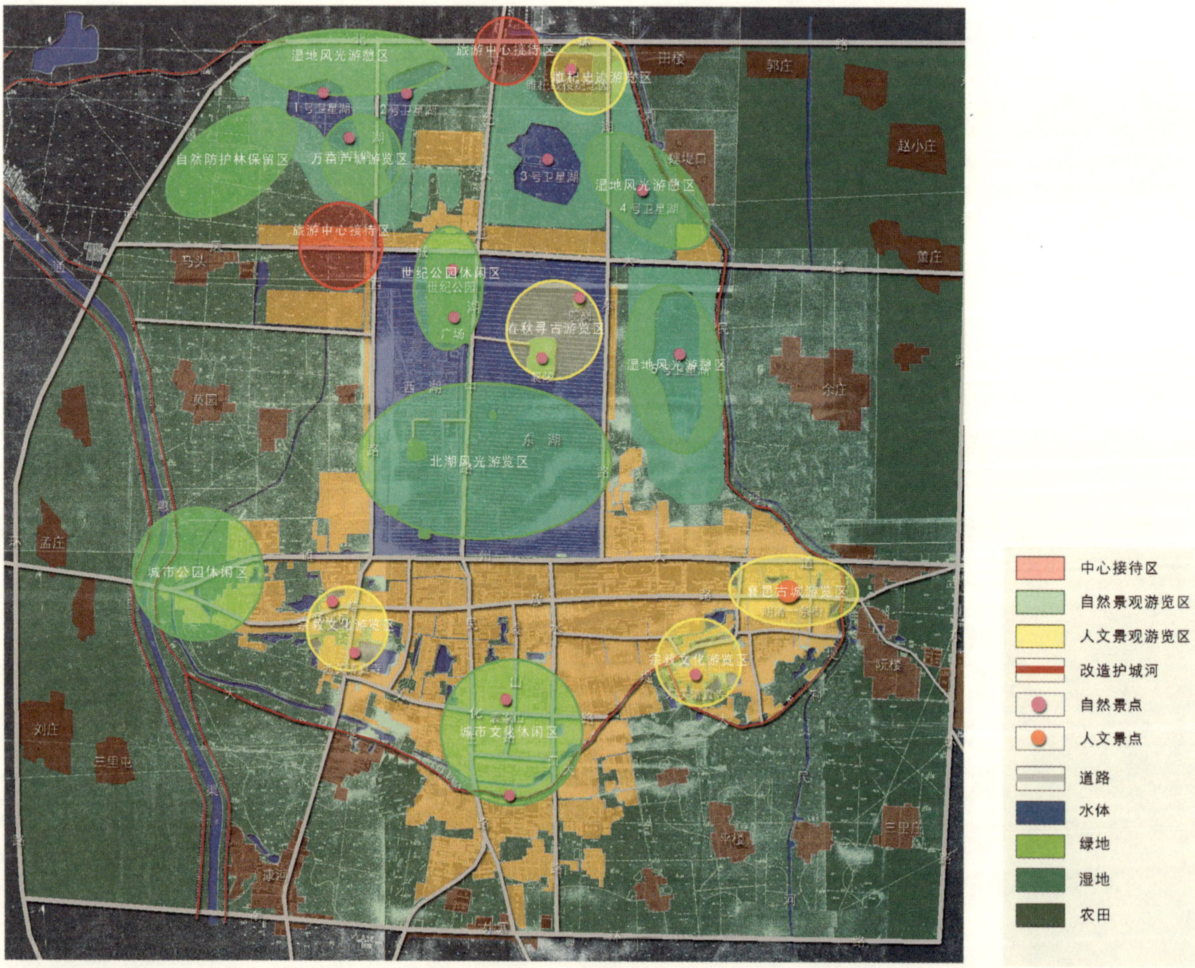

商丘睢县旅游规划功能布局图

年），开始构筑新城，即今县城，新城与旧城相连，旧城方正，新城椭圆，新长旧狭，形如“凸”字，犹如“凤凰展翅”，俗称凤凰城。

3.气候条件

睢县属暖温带半湿润大陆性季风气候。一年之中，冷暖交替，四季分明。主要特点是春季温暖大风多夏季炎热雨集中，秋季凉爽日照长，冬季寒冷少雨雪。

年平均气温为14.0℃，日极端最高温度为24.3℃，日极端最低温度为-17.6℃。年变幅28℃左右；1月份最冷，累年平均气温-0.7℃，7月份最热，累年平均气温27.0℃。年平均湿度为71%。

主导风向为偏北风，4～7月多吹东南～西南风，以南风为主，其他月份多在西北～东北之间，以东北偏北为主。大风一般出现在春季，最大风力22m/秒。年总光照时数为2267小时，全年无霜期平均为207～214天。

平均年降水量为700.6mm，最多年为1985年1169.1mm，最少年为1966年300.5mm。一日最大降水量为149.9mm，历年最大积雪深度为200mm。

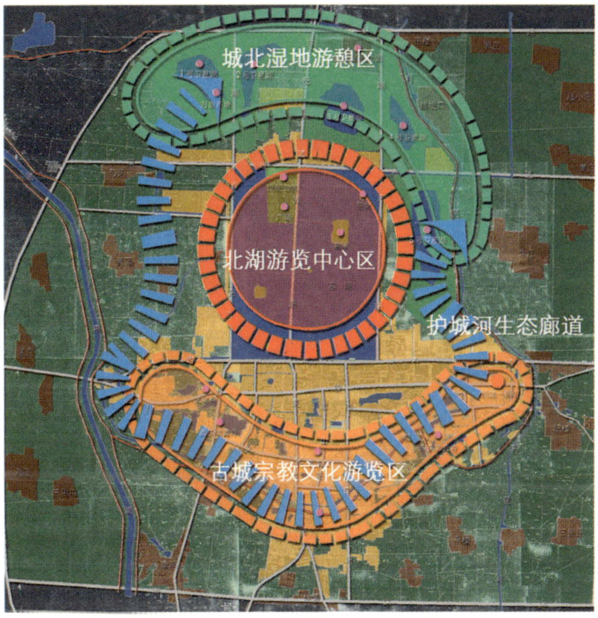

商丘睢县规划结构图

主要气象灾害：干旱、雨涝、暴雨、干热风、大风、龙卷风、寒潮、霜冻、雨凇、冰雹等。

4.水文地质

河流湖泊：全县河流均属涡河水系，共有大小河沟38条。

惠济河水系：主要包括通惠渠、茅草河、申家沟、利民河，境内流域面积582.3km^2，河流长度162.8km。惠济河干流贯穿全境，属淮河流域涡河水系，源于开封，注入涡河，县境内流域面积62.55km^2，长43.67km。

蒋河水系：境内流域面积为79.2km^2，长度32.74km。

废黄河：境内流域面积33.5km^2，长度5km。

现县城内北湖为旧城遗址，面积达4500多亩。

地表水：睢县水资源丰富，地表年均天然径流量0.6亿m^3，径流深为30mm。浅层地下水年均补给1.4亿m^3，年过境水0.9亿m^3，主要来自惠济河、通惠渠、申家沟等。

地下水：浅层地下水较丰富，埋深2～4m，可开采量为1.4267亿m^3。

土壤地质：睢县处豫东平原，属黄河冲击平原，地势西北高东南低海拔高度在59.8～50.8m之间，相对高差9m，西北高，东南低，地面坡降近1/5000。睢县为具厚的新生界松散沉积物地层所覆盖。境内地层从古生界到新生界均有分布。

5.自然资源

植物资源：粮食作物、经济作物、蔬菜、林木、花卉、野生杂草。

睢县林业资源丰富，全县林木总数达2450万株，木材蓄积总量118万m^3，森林覆盖率达到21.9%，优质杂果面积4万多亩。

动物资源：家畜家禽、野生动物、水生动物、虫类。

土壤：全县均为潮土。其中黄潮土亚类中的两合土、淤土面积最大，分别占总土壤面积的63.63%和25.57%，砂土占9.25%，其余为盐化潮土和碱化潮土。

6.旅游资源

古城睢州具有两千余年的建城历史，是河南省著名的历史文化名城，厚重的历史文化积淀留下了众多的文化古迹，地上遗存的纪念性建筑物达14处之多，地下古代文化遗址多达40多处，馆藏文物达3000多件。特别是以北湖为中心方圆近两公里的范围内，分布着不同时代著名景点十余处。

主要景点：主要有春秋时期的宋襄公墓、唐代的无忧寺塔、宋代的圣寿寺塔和东坡居士的宝墨亭、明代的袁家山和清初的汤斌祠等旅游景点。

1）古文化遗址

周龙岗文化遗址：位于蓼堤周龙岗村北，属殷商文化和龙山文化。为县级重点文物保护单位。

犁岗文化遗址：位于平冈镇岗下坡村和犁岗村之间，属殷商文化。为县级重点文物保护单位。

旧城：位于今城之北。旧城建于宋崇宁四年（公元1105年），旧城址低洼，常遭水淹。自明崇祯十三年（公元1640年）黄水灌城后，旧城遂为水乡。其原有的桌锦洞、桃花洞、甘菊泉、锦襄书院、二程子祠诸名胜化为乌有，廨署文庙等遗址不可复识。驼岗、襄台名胜仍如小岛，突出水中。

2）古墓葬

恒山汉墓群：位于涧岗乡赵庄与王庄之间。南北长500m。山上原有慈云寺，现有小学一座。为县级重点文物保护单位。

蔡天牯墓：在南城墙内，蔡为明嘉靖间兵部侍郎，大同巡抚。为县级重点文物保护单位。

3）古建筑

袁家山：又称吕祖庙，小蓬莱，在县城南门里。为县级文物保护单位。

文庙：位于县城西南隅，始建于清康熙十年（公元1671年）。为县级重点文物保护单位。廨署文庙等遗址不可复识。

汤文正公贤良祠（汤斌祠）：位于西大街与解放路交接口，为省级文物保护单位。

圣寿塔：位于后台乡阎庄村西北，建于宋代，高22m，平面呈六角形，为九级密檐式砖塔。为省级重点文物保护单位。

无忧寺塔：位于平岗镇西，建于宋代，原为八棱五级楼阁式砖塔，民国年间被地方官吏扒去两级，现存三级。

4）革命遗址

睢县抗日联合政府旧址——阎家祠堂：位于后台乡阎庄村内，现有房屋三间，保存完好。为县级重点文物保护单位。

睢杞战役战场：西起杞县县城，东至帝丘，北接龙唐岗，南靠睢县县城，东西长40km，南北宽17.5km。

睢杞战役纪念园：位于睢县县城北睢杞战役战场内，北环路南侧，世纪大道与湖东路之间。

睢县特产：鸳鸯转香壶、睢州酒、裘皮制品、银杏系列产品、参宝花生、马泗河西瓜、许堂葡萄、帝丘花生。

宾馆餐饮：八一宾馆、银花宾馆、凤城宾馆、东方大酒店、电力宾馆、睢州宾馆、金福临大酒店、运政宾馆。

3.20.2 资源评价

1.旅游资源存量分类

旅游资源是自然界和人类社会凡能对旅游者产生吸引力，可以为旅游业开发利用，并能产生一定效益的各种事物和因素。其内涵是随着旅游趋势及游客对目的地期望的变化而变动的，因此是一个动态概念。规划组通过实地考察和有关资料，根据国家旅游局《中国旅游资源普查规范》，对睢县主要自然、人文景观进行了筛选分类。

1）水域风光类

包括河流、泉、湖泊等，如护城河、北湖及现存的卫星湖、湿地景观等。

2）生物景观类

包括树林、古树名木等，如防护林、东关清真寺内的古树等。

3）古迹与建筑类

包括古城和古城遗址、社会经济文化遗址、军事遗址、碑碣、石窟水工建筑等，如袁家山、汤斌祠、圣寿寺塔等。

4）消闲求知健身类

包括科教文化设施、公园、文艺团体等，如睢杞战役纪念馆、各个清真寺、基督教堂等。

5）购物类

包括市场与购物中心、庙会、地方产品等，如明清一条街及各种特产等。

2.旅游资源的定性评价

1）独特的水资源及湿地景观

在北方，像睢县拥有如此丰富的水资源和湿地景观的城镇寥寥无几，这也是其资源最为突出的特色之一。现存湖泊中包括面积达4500亩之多的北湖，还有湿地景观中的一些卫星湖泊，其中湖西路与北环路交接口的最大约为1000亩。北湖的水由地下水供给，因为其地势低洼，故常年不会干涸，此外，其独特的形成历史又为美丽的北湖增添了一份神秘的人文色彩。现存的广阔的湿地为生物多样性提供了一个良好的环境，每年都有白天鹅在这里路过栖息，成为一道独特的风景。这一切在北方实为难得。

2）悠久的历史文化底蕴

除了拥有丰富的自然资源，睢县县城还拥有丰富的人文历史资源。古城睢州具有两千余年的建城历史，是我省著名的历史文化名城，厚重的历史文化积淀留下了众多的文化古迹，地上遗存的纪念性建筑物达14处之多，地下古代文化遗址多达40多处，馆藏文物达3000多件。

3）护城墙、护城河、绿地将要形成一个良好的环城绿廊

现存护城墙约为1000m，主要是一些高岗，沿护城墙为护城河。现存护城墙和护城河已经不再是一个完整的环形，很多地方已遭破坏。部分段已进行绿化，通过对河道的开挖整理，有望再现柳堤风采。

4）防护林带、生态林为县城营造一个良好的绿化大背景

现有防护绿地主要包括县城防护林和生态林。其中防护林长10km，带宽100m，面积2400亩，生态林面积1900亩。

5）革命斗争，可歌可泣

睢县具有光荣的革命传统。中国共产党在这里领导过轰轰烈烈的农民运动。抗日战争时期，睢县是水东抗日根据地的策源地和中心区。1948年7月，在粟裕将军的指挥下，睢杞战役取得辉煌战绩，我军在睢县龙王店（罗阳店村）活捉了国民党军兵团司令区寿年。现建有睢杞战役纪念园一座。

6）民风淳朴，物产丰饶

睢县人才辈出，文化教育一向发达。宋代有张去华、张师德父子状元，元代有单元阳兄弟三进士，清代有祖父孙子三世翰林。睢县是我国现代化著名诗人苏金伞和陈雨门的故乡。他们的不少诗作，描绘了家乡的田园风光和淳朴民风。

当地回族人较多，共建有清真寺5座，其中比较大的是东关清真寺和西关清真寺。故节庆日分为汉族节日和回族节日，丰富的节庆也是当地独具潜力的旅游资源之一。

睢县特产主要有：鸳鸯转香壶、睢州酒、裘皮制品、银杏系列产品、参宝花生、马泗河西瓜、许堂葡萄、帝丘花生。

7）治山治水，改天换地

近几年，睢县人民在党和政府的领导下，治山治水，改天换地，区域生态得到了很大改善。加快湖心岛开发，完成新世纪公园二期工程，完成2000亩湖北岸生态林和200亩植物园建设。此外，睢县坚持“治水兴农”的指导思想，组织全县广大干部群众开展了大规模的农田水利基本建设，取得突出成效。全县有效灌溉面积达到86万亩，旱涝保收田面积达到76万亩，蓄水能力达2700多万m^3。尤其在今年这个大灾之年，计划治理干支沟渠7条、斗农沟渠373条，加固整修惠济河堤防84km，总土方近600万m^3。

3.旅游资源定量评价

1）评价依据

（1）以旅游资源的现状和未来开发潜力作为直接依据，并以实地考察和专家评价为基本参考，既注重综合优势又突出特色优势。

（2）注重考虑资源本身的区位条件，交通条件，既考虑本身资源，也注重其大环境背景。

（3）将资源的文物价值、旅游价值、美感、容量、季节性等综合考虑，全面衡量，公正评价，决不可顾此失彼。

（4）注重旅游资源的区内组合和空间连续性及开发继承性，既注重现状，又有发展的动态的观点。

2）等级划分

A级。资源美感度、独特性、吸引力俱佳，文物价值很高；游客吸引范围广泛，环境容量大，游览季节长，具有不可替代性；资源结构类型和空间组合好，通达性强，可参与性较强。

B级。资源美感度强，独特性较强，有一定文物价值；能吸引较多层次的游客，环境容量大，可游季节性强；空间结构和类型结构较好，可参与性较强。

C级。资源美感度、独特性一般，游客吸引层面窄；容量不大；景点空间组合分散，相对优势不明显，效益一般。

3）评价结果

具体评价结构见“商丘市睢县旅游资源存量分类表”。

商丘市睢县旅游资源存量分类表

	名 称	区 位	特 征 简 述	评 价	
				现状	潜力
水域风光类	北湖	县城中部	原为明代睢州旧城遗址，湖面阔达4500多亩，最大水深3m，湖区文化遗迹繁多，著名的有襄陵、宋襄公望母台、甘菊泉、苏轼留墨处、汤斌读书处等，享有“中原明珠”之美誉，2000年被河南省旅游局批准为省级旅游景区	B	A
	卫星湖	县城周围湿地内	分布在湿地中，生物多样性较好，有天然鱼类生存，	C	B
	通惠渠	县城西侧	季节性河流，有时会干涸，为农田灌溉水源，现被上游工业废水部分污染	C	C
	利民河	原护城河	现为一垃圾河，污染较严重，为县城排水道	C	A
	湿地	县城北部 北湖周围	湿地面积达？？亩，主要生长芦苇及各种水草，生物多样性较好	B	A
生物景观类	防护林	北环路以南西环路以东交界地带	主要树种为杨树，长10km，带宽100m，面积2400亩	C	B
	生态林	北环路以北	主要为本地树种，面积1900亩	C	B
	皂角树	东关清真寺院内	大约100年的树龄，枝叶茂盛，有鸟在上面栖息	C	B
	世纪公园	湖中路与凤城大道交界处	2002年建成，占地约200亩	C	B
古迹与建筑类	汤斌祠	城内西大街与解放路交接口	1963年被评为省级重点文物保护单位。为明清典型建筑群体，汤文正公贤良祠（汤斌祠）殿堂庄严肃穆，主体建筑为两座大殿，为卷棚顶的硬山式建筑，内柱八根。原有建筑主体文革时遭到破坏，现为后来重修，其中照壁、御制碑已不复存在	C	B
	袁家山	老县城内闹市中心，袁山路与文化路交接口	素有“小蓬莱”的美称，建于明朝天启年间，距今有400年的建筑历史，原属道教圣地，古代园林，明清两代为睢州八景之一。建筑形式独特，外观好似一艘大船，四周浅水环绕，山上亭台别致，登山远眺，睢州古城尽收眼底。现在原来的池塘被土填平，当初的景观现象已不复存在	B	A
	襄陵	北湖东北隅	又名襄台，常年高出水面3m左右，水上暴露面积达4万多平方米。相传为春秋五霸王之一的宋襄公的陵墓。1981年被定为县级文物保护单位	C	A
	驼岗	位于襄陵北 一百步	为一高岗，与襄陵前后对应，一大一小，远看形似骆驼身上的脊峰，史称骆驼岗。驼岗上层为尼庵，嘉靖4年（公元1525年）改为锦襄书院（以书院后有濯锦池而得名），与紫阳、濂溪、横渠等书院并行于世	C	B
	明清一条街	位于县城东关	又名襄邑古城建于明代末期，清初已具规模。后来逐渐完善兴盛，成为豫东地区重要的商品集散地之一。该街原长两华里有余，街宽两丈，青砖铺地，临街房一千余间，一色的木质砖瓦结构，活动门板，房内安有木质隔山，木棂装饰坐梁嵌檩，方木板椽，八砖扣顶，封檐封山，挑脊盖瓦	C	B
	护城堤	旧城南面	现保存约1000m，与城四周护城河连为一体	C	B
	基督教协会	东关明清一条街内	砖结构，外观保存良好，占地1465m^2	C	B
	西关清真寺	旧城文化路西头北侧	外观良好	C	B
	东关清真寺	东关现存大堤东头南侧	格局完善，建筑质量良好，环境较好，靠近原护城河	B	A
	文庙	位于县城西南隅	始建于清康熙十年（公元1671年），为县级重点文物保护单位，现已不复存在	C	C
	无忧寺塔	位于平岗镇西	建于宋代，原为八棱五级楼阁式砖塔，民国年间被地方官吏扒去两级，现存三级	C	C
	圣寿寺塔	位于后台乡阎庄村西北	建于宋代，高22m，平面呈六角形，为九级密檐式砖塔。为省级重点文物保护单位	C	B
	湖心岛	北湖内	共有5～6个，最大的东湖岛即襄陵约为5亩，其次西湖岛约为2亩，目前植被良好，设施简单，开发不足	C	B
消闲求知健身类	垂钓中心	世纪公园西北角	3～4个鱼塘，结合公园布局，设施不足	C	B
	睢杞战役纪念园	位于睢县县城北北环路以南，湖东路以西	主体建筑为砖混结构，坡顶。南北长220m左右，东西宽270m左右，面积约为9亩	C	B
	广场	湖中路西侧， 世纪公园南侧	为公园主入口，建有相应辅助设施	C	B
购物类	鸳鸯转香壶、睢州酒、裘皮制品、银杏系列产品、参宝花生、马泗河西瓜、许堂葡萄、帝丘花生				

3.20.3 开发可行性研究

开发可行性研究的目的是为了确定开发是否在经济上可行，能否盈利，能创造多少就业机会，开发的方向是什么，开发的规模有多大。

市场需求与资源特点决定旅游地的开发方向；而区位条件、资源的等级与地域规模决定可进入性及市场门槛入口；区域经济的背景与经济运行机制决定投资能力与开发规模；区域社会生态环境决定开发强度及旅游活动类型。

1.交通区位

睢县交通条件便利，地理位置优越。睢县县城北依陇海铁路民权站28公里，东距京九铁路62km，西距省会郑州市140km，距开封市75km，东至商丘60km。公路四通八达，郑（州）—永（城）公路横贯全境，开商高速公路经过县城北部，民太、睢柘公路在此交汇，县级公路贯穿全县24个乡镇，乡级公路通达545个行政村，县域内公路里程达到518.8km，客运量达到206.6万人。

2.资源等级

睢县拥有独特的水资源及湿地景观，现存湖泊中包括面积达4500亩之多的北湖，还有湿地景观中的一些卫星湖泊。现存的广阔的湿地也为生物多样性提供了一个良好的环境。此外，睢县历史悠久，文化灿烂，是一座中原历史文化名城。古城睢州具有两千余年的建城历史，是河南省著名的历史文化名城，厚重的历史文化积淀留下了众多的文化古迹，地上遗存的纪念性建筑物达14处之多，地下古代文化遗址多达40多处，馆藏文物达3000多件。旅游资源有一定的游览价值，具有深度开发的潜力和前景。

3.客源条件

1）客源市场分析

吸引客源是旅游业带动经济的最终目标，主要以景点优势、市场状况、消费能力等方面为基础，把睢县的主体客源划分如下三块：

（1）本地及周边县市

以商丘市为中心的本地区的旅游业发展必将相应带动睢县的发展，满足当地人民的生活与休闲需要，丰富的节庆活动和良好的度假设施，参与项目也会吸引部分商务客人，适应一些特殊要求的会议旅游市场。

（2）专业机构、团体等

充分利用睢县丰富的自然与历史文化资源，广泛展开以专业团体、机构、大型企业、大专院校为主的考察旅游、度假旅游等项目，以实惠的价位、周到的信息服务，吸引自助旅游者及度假团等。

（3）华北、中原地区及长江三角洲经济区

京津地区以及长江三角洲经济区这部分市场出游率较高，影响较大，是市场争夺的制高点；而中原地区则因为地理位置相对容易到达，也成为睢县旅游市场重要客源地。

2）市场开发与市场突破

前期以外埠市场为主，考虑到资金短缺问题，可先采取密集性市场战略，集中力量，以此为突破口，初步树立品牌和知名度，争取市场份额，在短时间内取得良好效益。同时，其他几块市场可采用有针对性、有选择、有时机性的策略，避免全面铺开、缺乏重点、资金分散，从而浪费人力物力的作法。可主要从几方面进行：

（1）开拓客源市场

以政府为主导，在主要客源地进行促销宣传，加强力度。旅游经营部门应加强与各市、区、县协同进行的整体促销、区域促销等横向促销方式，以及与旅游企业、相关部门相配合的纵向促销方式，把传统节庆与旅游节庆相融合，不断推出新项目，增加旅游吸引力。

（2）促销形式与手段

应突破常规，除传统的电视、广播、报纸等媒介外，还可采用以商助旅、以节促旅，以及品牌冠名等其他广告宣传形式，并根据实际而有所侧重；同时，可提高促销级别。

（3）适应旅游发展需要，大力开发旅游产品

旅游产品是睢县旅游企业经营活动的主体，是睢县旅游业生存和发展的关键。目前，睢县除个别自然景观外，并无其他突出产品，并且开发利用起步较晚，产品优势相对较弱。因此，睢县旅游业发展应立足当前，放眼未来，以市场需求为导向，多开发一些参与性强的娱乐、休闲旅游项目以及一系列具有一定优势的专项旅游产品。

（4）有序运作和反馈监督

市场开发应有计划进行，同时加强监督，注重其实质效果，避免盲目投资和无序竞争，充分发挥市场机制对旅游开发的基础性作用。

一号湖平面图

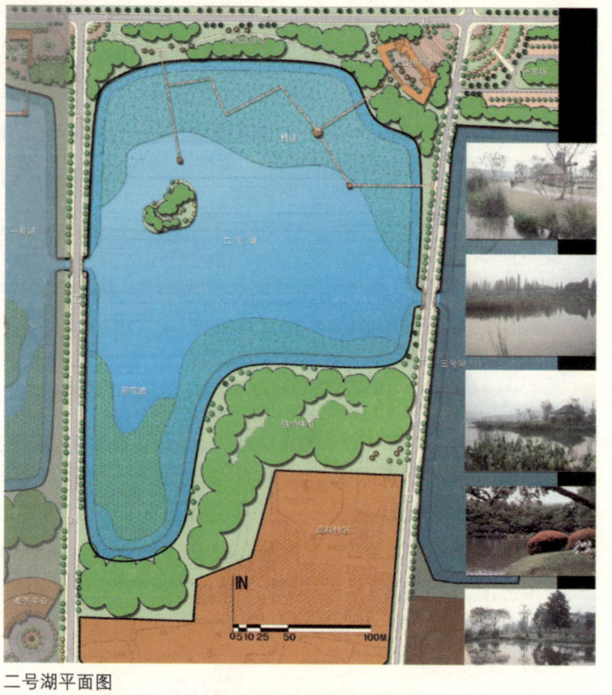
二号湖平面图

三、四号湖平面图

五号湖平面图

（5）适应散客市场

通过加强服务，提供交通、住宿等信息和景点介绍等，建立方便散客的大环境。

4.竞争优势

1）政府支持、政策优惠

最近几年的中央经济工作会议都把旅游业和房地产业、信息产业并列为新的经济增长点。睢县县委、县政府确立了旅游业在社会经济跨世纪发展中的战略地位，强调要充分利用睢县文化底蕴丰厚、自然环境优越、旅游业开发潜力大的优势，精心规划，突出重点，大力发展文化旅游产业，政府主导型的“合力兴旅”的社会氛围正逐步形成。

2）政府确立“中原水城”（江北水乡）的定位

中共睢县第十次代表大会报告关于“江北水乡”的论述中强调，要以北湖为中心，向东、西、北三个方向扩展延伸。重点开发马头村、北关村、东关村、县高级中学周围的沼泽地、坑塘、洼地和废窑地。通过3～5年的努力，新整合4～6个总面积达5000亩的"卫星湖"，全城水面面积扩大到9000亩，使睢县真正成为江北第一水乡。"卫星湖"以自然纯朴为景观要求，坚持一湖一景一特色，集养殖、面积、旅游、休闲、水上竞技为一体，因地制宜建成荷风园、芦苇池、垂钓台、观光林等各具特色的主题湖，使城区面积由$25km^2$扩大到$40km^2$，城区人口由6万人扩大到15万人，实现城中有湖、湖中有城、天蓝地绿、水秀城美的水乡景观，以此盘活土地资源，加速城市生地向熟地的转化增值，增强城市的聚集功能。各个乡镇也要利用废旧坑塘、洼地，以养殖业为重点，进行挖掘开发，使全县水面达到2万亩以上。立足产业兴镇，尽快建设一批各具特色、优势互补的中心乡镇；有计划地搞好村级规划，不断改善农村面貌。

3）旅游串线组合良好

睢县距商丘市区60km。商丘是中国历史文化名城，是商民族的发祥地。有著名的商丘古城、砀山汉墓、梁孝王墓，商丘还是孔子的祖籍、庄子的故里，孔子还乡祠、庄周陵园等名胜古迹以及从西到东的黄河故道。

睢县距郑州市145km，郑州市有邙山风景区，二七纪念塔，大河村遗址，吉鸿昌墓，纪公庙，苏轼书写的欧阳修"醉翁亭序"石刻，商代遗址，城隍庙等景点。

睢县距开封市90km。开封古称汴梁，七朝古都，位于郑州以东，陇海铁路上。有山陕甘会馆、占吹台、禹王台、龙亭、包公祠、延庆观、玉皇阁、相国寺、护国寺塔、铁犀牛、繁塔等景点。

睢县地处豫东黄金旅游线商丘—开封—郑州的中间地段，其中，北湖、睢杞战役革命遗迹、袁家山等资源可作为此黄金游线的有效补充，可直接"搭入、加人"已有市场影响的旅游热线。

5.生态环境

近年来睢县区域生态得到了很大改善，加快湖心岛开发，完成新世纪公园二期工程，完成2000亩湖北岸生态林和200亩植物园建设。此外，睢县坚持"治水兴农"的指导思想，组织全县广大干部群众开展了大规模的农田水利基本建设，取得突出成效。应当通过编制规划进行有序的开发和建设，将环境保护与开发同时抓好，达到既带动地方经济发展又促进生态环境良性发展的最终目的。

湖心岛平面图

3.20.4 规划性质与规划目标

1.性质确定与形象定位

1）性质确定

在旅游开发中坚持资源导向与市场导向相结合，将睢县县城打造成为集湖泊湿地观光、宗教文化游览、水上活动于一体的北方水景特色旅游城镇。

2）形象定位

（1）睢县区域形象策划必要性

要在大区域旅游背景下进行睢县的旅游定位。首先，进行睢县旅游定位时，不能就睢县论睢县，而应该是跳出睢县看睢县。之所以如此是因为，要对睢县旅游进行正确定位，有赖于对其旅游发展优势和劣势的认识；而要真正认识睢县旅游发展的优劣势，只有将其旅游资源和条件放到商丘市、豫东地区，乃至河南和全国等不同层次的区域中去，依次作出比较后才能有客观的认识。据此，才能确定睢县旅游吸引物类型、旅游吸引范围、旅游竞争力和旅游发展潜力等，进而对睢县旅游做出科学的定位。

（2）睢县旅游形象要素分析

根据睢县历史文化渊源和旅游资源文脉的特点，结合现状大众旅游、文化旅游和生态旅游的发展趋势，判定睢县旅游形象构成要素可从以下4个旅游亮点中加以提炼。

（3）总体形象定位

形象定位："中原水城"

（4）旅游形象塑造及推广

① 做好睢县旅游形象设计

根据睢县旅游形象的分析定位，结合考虑旅游者的心理需求，通过社会征集、专家评审的办法，做好睢县旅游业的形象设计，包括广告语、地方歌曲等。

② 加大形象传播力度

利用各种大众传播手段及灵活多样的方式进行形象宣传，提高睢县旅游的知名度。例如：

- 创作拍摄以睢县风土民情为题材或背景的电视剧；
- 收集整理出版睢县旅游景点民间传说故事集；
- 参加收视率较高的电视专栏节目；
- 争取记者团、外地旅行社客户团来访；
- 参加海内外相关的旅游展销会；
- 邀请有宣传效应的活动（如全国性的颁奖会、比赛、研讨会等）来睢县举办；
- 印制和散发各种旅游宣传品，等等。

③ 创建节庆活动

选择有睢县特色又有较大吸引力的主题，每年组织几个节庆活动，既可以是文化性的，也可以是经贸性的，但应与旅游紧密结合，做到启动之后年度定时举办，越办越好，使这些节庆活动成为塑造、推广睢县旅游形象的有效载体。

2.规划原则

规划原则是规划所需要坚持的出发点，是规划中我们所应坚持的立场：

1）高起点、高要求

规划面向21世纪，高起点、高要求，在项目与设施的开发上顺应国际旅游发展整体趋势，迎合旅游者不同的旅游消费心态。

2）全面保护、合理开发

在全面保护已有水体等自然风景资源的前提下，制定合理的开发规模和步骤，均衡地完善县城内的游憩体系和服务配套设施。使之成为一个以优美的自然环境为背景，集观光、游憩、度假为一体的综合性旅游胜地。

3）突出自然生态，适当加以人工点缀

质朴的基础上追求个性。强调绿色生态环境的保护与创造，结合自然环境进行旅游服务设施建设和景点改造。建设风格在自然，力求“虽由人作、宛自天开”。

4）重在参与

强调旅游者的参与性、娱乐性、舒适性，让人们充分体验充满情趣的休闲生活。

5）可持续

规划应有一定的弹性，适应旅游发展中的不确定因素，各种用地、道路系统、绿地系统应该留有发展余地，保证其可持续发展。

6）可行性

保持规划的科学性与可行性，按照总体规划的目标，应保证规划按期实现。在规划深入和细化的过程中对总体规划进行适当的调整，尽量利用现有的地貌创造优美的山水环境，避免大兴土木，在景区建设及营运后，防止旅游污染的产生，增强防灾能力。

7）弹性原则

由于规划思想和规划技术的时代性限制以及经济社会的迅速变化对发展的认识有很多局限性和随机性，所以规划必须留有弹性，包括目标弹性、资源弹性、时间弹性，要求开发的每一阶段都要紧凑、集中，成组成团，根据市场要求严格控制用地规模与建设规模，为后一阶段的发展留有余地，为后人更好更精彩的发挥提供可能。

3.发展目标

1）通过规划，合理开发风景旅游资源，促进旅游业发展，培育新的经济增长点，提高地区知名度和国际化水平，促进产业升级，适应睢县未来发展的需要。为工业和农业发展创造更加有利的环境。

2）按照规划实施，通过一段时间的努力，把睢县建成为地方文化特色突出、资源丰富、活动多样、设施齐全、环境高雅、生态稳定具有较高知名度的休闲度假旅游区和绿色产业区。

3）通过旅游业发展，带动睢县旅游产品的系统开发，使睢县成为商丘市重要旅游目的地，实现东西联手、南北联动发展。促进睢县的深度开发和旅游事业的整体发展。

4.旅游发展政策

1）总政策

旅游业是睢县国民经济新的增长点，通过旅游业的发展，改善投资环境，促进地方经济发展。

2）具体政策

要针对旅游发展新形势，制定相应政策来引导旅游业良性发展。加强旅游政策创新制度建设，保证旅游政策的针对性和时效性，最大程度激发旅游发展的动力。旅游政策体系包括：

（1）旅游产业政策：

要把旅游业作为重点产业来发展，全面提高旅游设施和服务的质量标准，城市交通和基础设施除服务于大众日常需求外，还应适应旅游发展的需求。

人力资源是旅游业能否快速健康发展的重要因素，对游客服务的质量和旅游管理的效率取决于旅游业人员是否合格，加强旅游教育培训的硬件和软件建设。

对全县所有直接参与旅游开发的各类人员都应进行培训，并制定与新产品开发的管理、经营以及自然景区和文化遗产解说、展示及管理等相关的新的培训方案。

提倡科学导游，提高对自然、文化景点讲解的深度和科学含量。

（2）旅游投资政策：制定各类有利于吸引国内外商家投资的政策。

（3）旅游税收政策和财务政策：协调旅游相关者的利益。

（4）对外开放政策：加入WTO，与国际旅游业发展接轨，提高睢县旅游业国际化水平，吸引外国旅游企业进入。

（5）产业联动政策：政府要从大旅游、大市场、大产业的角度，动员各有关行业积极支持、参与旅游业发展，提高各产业附加值和知名度，使旅游业发展全社会受益。尽量减少旅游业各种可能的经济漏损因素，通过丰富游览内容，延长逗留天数，提高人均消费，提高旅游业对本地GDP、就业和财政收入的贡献，让更多的人收益，让更多的人就业，与更多的经济产业发生关联，加强旅游业和其他经济产业间的关系。

（6）旅游环境政策：坚持旅游业可持续发展原则，加强环境保护和文物保护， 全面改善环境质量，以旅游促保护，制定相应奖惩制度。

——旅游业应成为促进地方居民对自然资源和环境进行保护的重要手段。

——建立有效的环境管理体系，持续监控旅游发展的影响。

——自然、文物保护部门、地方社区要与旅游部门有效合作。

（7）旅游企业政策：鼓励旅游企业向集团化、连锁化方向发展，提高旅游企业竞争力。

（8）市场营销政策：

——市场营销要结合市场需求，树立明确的旅游形象。

——以高消费旅游市场和中远程旅游市场为目标，降低旅游数量，提高旅游质量。

——增加营销预算，扩展市场和促销活动。

（9）社会文化政策：

——通过发展旅游业来促进社会文化遗产的保护。

——持续监测和控制社会文化影响。

——加强研究培训、管理和保护，通过文化建设促进旅游发展，旅游项目应能恰如其分表现高质量旅游目的地形象，旅游业应提高管理能力，有效管理旅游业，特别是市场营销，旅游管理部门应和旅游企业及相关机构之间达成有效的合作伙伴关系，在市场合作中发挥积极的作用。

——加强旅游风险管理，改善和维护旅游者环境安全要素建立旅游救护体系。

3.20.5 规划结构与功能布局

1.规划结构

本地区的资源特色可以概括为以下四点：湖泊、湿地、宗教文化、护城河。在规划中从这四大资源特色出发，在空间上有效组合各旅游要素，从而形成一个有机的旅游开发格局。规划结构可以概括为：“一心两片一环”。

1）一心：北湖游览中心区

北湖是“中原水城”最重要的主题，以北湖开发为龙头，带动周边各景区的逐步开发，最终形成完整的开发格局。

2）两片：城北湿地游憩区、古城宗教文化游览区

城北湿地游憩区：结合湿地内卫星湖的开发与周边林带的发展，形成一个综合游憩活动区，提供丰富的游憩体验。

古城宗教文化游览区：通过对建筑与环境的修复整合，再现道教与回教的当年风貌；同时结合旧城内特有的风土

人情，营造“中原水城”的氛围。

3）一环：护城河生态廊道

通过对护城河的开挖整治、对护城堤的修复及对周边环境的改造，形成一条绿色的生态廊道；同时还将成为一条联系旧城和新城的文化廊道，展现“中原水城”的历史风貌和未来宏图。

2.功能布局

根据现有资源与总体的结构布局，将整个旅游区划分为以下11个功能区：旅游中心接待区、世纪公园休闲区、北湖风光游览区、春秋寻古游览区、万亩芦塘游览区、睢杞史迹游览区、湿地风光游憩区、襄邑古城游览区、宗教文化游览区。

1）旅游中心接待区

作为整个旅游区的接待中心，位于北湖游览中心区，交通便利，基础设施相对较完善。可提供旅游咨询及短期度假设施及一些水上运动设施等。

2）世纪公园休闲区

不仅是针对外来游客，更重要的是为本地居民提供一个良好的日常休息环境。对目前的设施和环境进行改造，营造更多更适宜的游憩空间。

3）北湖风光游览区

其景观特色为：动态的水域景观。在湖中泛舟游赏，周围的建筑和来往的行人车流是一幅流动的画卷，悠闲自得。同时还可以结合时令开展多彩的水上活动。

4）春秋寻古游览区

主要指襄陵和驼岗两个岛屿，其景观特色为丰富的历史文化底蕴。从春秋时代的宋襄公到明代的锦襄书院，众多的历史典故为旅游项目的策划提供了丰富的素材。可考虑修建睢县历史博物馆，锦襄书院等，举办一些书画展等。

5）万亩芦塘游览区

原有的湖泊景观与周围的芦苇为水生生物提供了一个良好的栖息场所，对此应采取严格的保护，主要可能提供的活动有水生植物观光、鱼类与鸟类观光等。

6）睢杞史迹游览区

现有的建设有：睢杞战役博物馆、烈士陵园，游憩价值开发不足。未来的开发中应注意建筑与环境的营造，通过一些纪念活动带动开发。

7）湿地风光游憩区

湿地内进行严格控制，结合生态林与防护林的建设，开展多游憩活动：观光、木屋度假、露营、烧烤、采集标本等。同时还可以与周围村镇的发展相结合，开展农家乐。

8）襄邑古城游览区

对原有建筑的重建或改造，将一些地方特产与小吃等汇集于此，进行组合包装，综合开发，集游购娱物于一体。

9）宗教文化游览区

在旧城内，有两座清真寺、一座基督教堂和一座道教寺庙，再加上当地的风土人情，文化特色迥异。通过对护城河的开挖整治，营造一个连续的自然景观廊道，使自然与文化相融合，原有的吕祖庙即小蓬莱本身就是这样一个典范。

10）城市文化游览区

结合袁家山的环境整治和改造，建造一座城市文化公园，综合宗教文化和县城居民的生活休闲的需求，使之成为当地居民的日常游憩的去处之一。

11）自然防护林保留区

根据原有自然防护林的良好植被状况，增加树种类别和乔灌层次，使之成为县城的自然生态天然屏障。

3.20.6 详细规划说明

1.总体布局

在这次的规划中，充分利用现有的河道与湖泊网络，结合原有的护城堤、利民河与通惠渠的大堤形成一个环城水系，中心为北大湖，北部和东部分别为五个卫星湖，南部和西部则为环城河道，通过东西向的支流与北大湖相连。

这条环城水系跨越县城内部主要道路，共形成主要桥梁16座，次要桥梁8～12座。根据两岸的不同风貌可采用不同风格的桥梁，考虑到行船的需要主要为拱桥，在古城区多为石拱桥，在未来新城区例如西部河道与北部卫星湖之间，可考虑造型别致及现代钢结构之类的新型桥梁，在一些旅游活动区，尤其是湿地区和生态林带，可考虑比较有原始趣味的吊桥、悬索桥等。

除了水系之上的桥梁，在这条“蓝带” 之上还点缀着一些绿色的“节点”，即各种大大小小的绿地公园，比较突出的就是袁家山公园绿地、古城公园、东关清真寺绿地及明清一条街的入口绿地。这一系列的绿地，与河道两侧的绿带相连，不仅保证了生态与景观的连续性，同时也满足了游人与市民的需求。

对于各个卫星湖，依据现有资源进行特色开发，一湖一景。通过保留大面积的湿地，保证了原有生态环境的可持续性，为县城将来的发展提供一个良好的背景。

2.详细规划

根据资源现状和旅游开发的需要，在这次的旅游发展规划中考虑了8个景点的规划，分别为：五个卫星湖、东湖和西湖中的两个主要岛屿及袁家山的开发设想。

1）一号湖详细规划

一号湖除了湿地和湖泊，最重要的就是生态林，规划设计中针对这一特色，开发森林游憩活动，如露营、探险、结合湿地开展植物认识活动等。总体布局是南面为森林游憩区，北面在北环路南主要为湿地景观，东南方旅游接待中心。同时一号湖也是环城水系一个起点，在河道的入口设置必备的设施，例如码头、停车等。结合原有的万亩荷塘在湖西路两侧形成“荷花渡”，体验乡村风情。

2）二号湖详细规划

主要是延续一号湖的“荷花渡”景观。结合湖泊开挖改造东南部，创造地形形成草坡与自然林带，使之成为当地居民的日常休闲的地方，与凤城大道南侧的世纪公园南北呼应。

3）三、四号湖详细规划

本区根据原有地形和现有建筑进行适当改造，开展的活动以休闲度假功能为主。结合睢杞战役纪念馆，开展野战实弹游戏活动；在保护的基础上再开挖部分湿地，周边开展野餐烧烤、垂钓和其他休闲活动。使人们在欣赏优美湿地景观的同时，放松身心，心旷而神怡。

4）五号湖详细规划

本区基本保持湿地和水体的原有风貌，仅作少量周边环境整治工作，以开展观鸟等的科普活动为主。睢县因其良好的自然环境（特别是珍贵的湿地资源）而每年三月间引来上百只白鹤、灰鹤来此栖息，故传为美谈。特此开发五号湖开展生态观鸟活动，为周边居民欣赏和专业人员研究提供条件，更会成为睢县旅游资源的新亮点。

5）东湖岛详细规划

东湖岛是北大湖中最大的岛屿，面积约5亩。结合其深厚的历史文化特色，在这里兴建一历史博物馆。方方正正的北大湖原为地下古城遗址，为了充分体现这一北大湖特色，可将博物馆设于地下，这样既不会破坏湖面景观，同时又可以成为一大旅游景点。对现有到达该岛屿的道路进行整修，在接近岛屿的地方，可建设一吊桥相连。由于博物馆位于地下，地面部分可形成草坡，只有部分的通风口和采光顶。这样一来整个岛屿就显得简洁明朗，既有现代氛围，又具有神秘感。在南端部分设置观景亭和码头，是到达东湖岛的另一方式。

6）西湖岛详细规划

本区以观景、休闲为主要功能，在改造原貌的同时，增设现代景观设施，与东湖襄陵形成古今对比，丰富湖上游览线路。游客可乘船由码头上岛或直接由湖中路上岛，于此享尽身处湖中的舒畅感受。

7）袁家山规划设想

根据历史资料，袁家山素有“小蓬莱”之称，在本次规划中，通过改造周围的建筑形成一块公园绿地，为袁家山创造一个良好的绿化环境，这也是“蓝带”上重要的一个“绿点”。将护城河的水引至公园中，由于外形如船状的主体建筑仍保存完好，这样一来，就如船行于水上，再现当年风貌。

3.20.7 项目策划

1.资源特征评价

睢县具有两千余年的建城历史，是河南省著名的历史文化名城，厚重的历史文化积淀留下了众多的文化古迹，地上遗存的纪念性建筑物达14处之多，地下古代文化遗址多达40多处，馆藏文物达3000多件。特别是以北湖为中心方圆近两公里的范围内，分布着不同时代著名景点十余处。丰富的水资源和湿地景观是吸引旅游者驻足的亮点，配合筹建中的卫星湖泊和悠久的历史文化底蕴，以及良好的绿化大背景，相信睢县的旅游发展将会达到其前所未有的高度。

但是，由于睢县旅游资源的品味和数量有限，我们建议将睢县旅游的发展放到整个商丘市甚至是豫东地区的大市场里去看，把握周边客源，争做商丘—开封—郑州这一河南黄金旅游线上的一个节点，开发初期先吸引旅游者在此作短暂停留，此后随着旅游资源的进一步整合和完善，逐步使睢县成为一个集观光、度假、休闲等功能于一体的综合性地方旅游目的地。

2.旅游产品开发

1）战略研究

（1）主打“北湖”，以一带十

主打“北湖”品牌，可以“中原明珠”来宣传，配合明代睢州旧城遗址的影响，提炼原汁原味的自然风情特色吸引游客。鉴于目前北湖对外还没形成一定规模和影响，可先以举办节庆活动的形式向外宣传，把北湖4500多亩水面形象化、直观化，提高“北湖”品牌的知名度和影响力，进而带动天然山水、地产土产和人文古迹等其他旅游系列产品的开发、建设和销售。

（2）以专取胜，滚动发展

不做硬性的大宗投入，多做环境整理、配套跟进和营业推广工作，以天然的环境取胜，以“北湖”品牌下的清、美、特和天然环境的背景相互配合，快速获得经济效益。突出重点，不搞全面开花，相当长一段时间内始终集中几个主要景区，并逐步推进，滚动发展。

（3）发展科学旅游

通过对历史文化，景点背景的挖掘，突出科学文化内涵，通过讲解、说明、录像等。使游客既能享受休闲、度假和观光，同时又可以开阔眼界、增长知识，满足高品位游客对自然、人文的兴趣。另外应联合各专业人员，加强配套服务的质量，开展专家导游等。

2）旅游产品发展与开发

（1） 旅游产品发展要注意各种类型客人的不同需求，以及旅游热点和市场趋势，注重未来旅游的项目特色及多样性，推出既有超前性，又有文化品味的项目。

· 观光游客：加强对景点的开发和适度包装，发挥资源特色及优势，扩大景点的广度、深度，延伸其功能和生命周期、黄金周期。

· 度假游客：加强自然景点、配套设施与民族文化、历史内涵的融合，注重参与性、娱乐性项目开发，扩大消费范围，增加效益。

· 其他游客：如特种旅游与专题旅游者，考虑到知识性的配套服务，安全系数的提高，其前期筹备，后期各部的宣传战略，应把促销点集中在有特色及市场潜力的线路上，注重时尚与资源的组合。

各类游客并无十分明确的界限，应注意产品的优化组合与推荐，同时针对市场发展与时尚，注意产品的更新。

（2）旅游产品开发

开发上要因地制宜，体现时间、空间的特性，建立统一的产品评价体系，从发展及实施两方面进行评估和监督，及时调整和完善，使旅游产品不断得以深化和提高。同时，实施特色品牌战略，进行产品包装，培植知名品牌，创造持久性效益。

古建筑复原图

具体产品开发项目如下：

观光系列：自然风光游、宗教游、主要景点景区等

度假系列：学生运动娱乐、避暑度假野营、夏令营专题聚会、度假中心

会议系列：中小型会议、专业会议、近距离研讨会、联谊活动等，学术性、专业会议

节庆活动系列：美食节、北湖风情节、袁家山宗教文化节、回族节日

地方特产、饮食系列：鸳鸯转香壶、睢州酒、裘皮制品、银杏系列产品、参宝花生、马泗河西瓜、许堂葡萄、帝丘花生

专项产品系列：科学考察游、美术摄影游、文化游、考察风情、地质地貌、植被写生、摄影创作、考察特色文化、景点背景、生活方式等

3）价格策略

旅游产品价格是否适当，往往直接关系到旅游产品在市场中的竞争地位。根据睢县旅游的目标市场，其价格的制定可从以下几方面入手：

（1）价位应适中，符合大众需求

从自身条件来看，睢县旅游业刚刚起步，开发利用还不够成熟，旅游资源垄断性不强；从外部环境来看，各地纷纷挖掘旅游资源，开发旅游产品，竞争相当激烈。在这些条件下都不适合推行高价促销策略。

（2）用灵活的价格机制

灵活运用价格杠杆，优惠当地居民、团体游客和特殊群体，如对重游率高的当地居民实行6折优惠，对目前主要客源地的团体、专项旅游者实行7折优惠，对学生、教师、老年人等特殊群体采取5折优惠。

（3）利用价格杠杆

针对旅游的季节性特点实行旅游差价策略，平衡供求关系，保证进而增加游客量。如淡季降价，或价格不变而增加产品和服务，丰富内容，以此刺激需求，扩大销售。

4）销售渠道

销售渠道的建立，使信息更为畅达，使营销更具活力，可节省营销成本，扩大知名度，使客源基础不断扩大，从而给予旅游业持续发展以后劲。渠道建立可分为零层次渠道（即直接渠道）与间接渠道：

（1）直接渠道以本地为主体的促销活动，直接宣传，把握市场状况，改进营销策略、宣传计划，不仅针对大众群众，还须针对旅游组织、业内人士作深层次宣传、讲演会等。

（2）间接渠道可采用通过旅行社中介和旅游代理商中介两种方法。选择有实力的旅行社，予以推荐，并联合出资在目标城市进行促销工作。

（3）随着中国的入世，外国旅行商十分希望在华开设合资旅行社，有的已设立办事处，可加强联系，进行前期铺垫工作。

（4）扩大销售渠道，可经过某些组织如专业团体、文化交流组织、宗教团体、同乡会等。

3.项目策划

旅游开发要依托睢县的特色产业。睢县的底子薄，自身的旅游投资能力不强；不仅如此，由于缺乏高品位的旅游资源，又离省级经济中心较远，旅游引资融资不容易，这就使得睢县在近期内难以筹集巨资进行大规模的旅游开发，睢县的旅游开发因而应该选择投资少、见效快、抗风险能力强、可以滚动发展的“旱涝保收型”发展模式——依托地方特色产业发展旅游。这样一来，许多资源可以共享，旅游投资因而减少，旅游项目便很易上马；而上马后的旅游项目和特色产业在其互动发展过程中，进则两者的“雪球”越滚越大，退则仍有特色产业在，不会因旅游投资失败而大伤元气，可谓可进可退。这一点对于经济相对落后地区的旅游发展尤显重要。

因此，项目策划的指导思想是：立足于当地的特色，体现睢县源远流长的历史文化，山青水秀的自然环境，保护生态环境，以高标准、高起点建设旅游项目，适应现代旅游市场需要。

1）湿地保护的相关理论与应用

城市湿地受城市建成区扩张的影响，形成了在城区中面积较小、分布不均匀、孤岛式生境的斑块，斑块之间的连接度低，湿地内部生境的破碎化较为严重。城市湿地作为城市的重要生态基础设施，具有众多服务功能，包括：①为城市居民、城市提供必需的水源；②为城市提供完善的防洪排涝体系；③调节区域气候，降低城市热岛效应，提高城市环境质量；④为动植物提供独特的生境栖息地，形成物种多样性；⑤为城市居民提供休闲娱乐场所，丰富市民的业余生活。此外，一些城市湿地还具有特殊的历史文化价值，并已成为重要的爱国主义及科普教育基地。

20世纪初至今，城市人口增长了近10倍，城市人口比例从14%增长到50%。快速城市化不仅使湿地面积减少，生境破碎化情况加剧，也导致了城市湿地生境的丧失。如，北京从20世纪60年代～70年代中期，有8个湖泊共$33.4hm^2$；湿地面积被填。具有500年历史的护城河也遭同样厄运，1953年护城河面积为 $41.19km^2$，现在剩下的总长度不到原来的一半。美国农业部门的研究表明，城市化进程都涉及侵占湿地问题，美国已丧失了58%的湿地。另一方面由于城市化过程中的不合理规划，湿地受污染情况愈来愈严重，并对其周围环境也造成污染，降低了湿地的生态及社会服务功能。另外，因湿地生境条件的改变以及湿地规划中盲目引进一些异地物种，引起外来物种对湿地生境的入侵，降低了本地物种的存活机率，增加了城市湿地保护和恢复的难度。

◎ 城市湿地保护相关措施：

一个未受异常自然和人类扰动的湿地，因其物种的多样、结构的复杂性、功能的综合性和抵抗外力的稳定性，而处于健康状态。当外力扰动超过湿地的自我修复能力时，湿地生境恶化，功能退化，进而影响区域环境。城市湿地的保护及恢复，需要相关部门采取前瞻性的规划理念及科学的规划措施。

鉴于上述理论，睢县现有的大片湿地可参照进行保护和适度地利用。宝贵的湿地资源是睢县旅游业的一大亮点，更是其自然生态系统的重要组成部分，要坚持保护第一、开发有序适度的原则。

◎ 开发方案：

湿地内进行严格控制，结合生态林与防护林的建设，开展多游憩活动：观光、木屋度假、露营、烧烤、采集标本等。同时还可以与周围村镇的发展相结合，开展农家乐。

2）特色“卫星湖”

规划中的“卫星湖”集养殖、旅游、休闲、水上竞技于一体，一湖一景，分别建成荷风园、芦苇池、垂钓台、观光林等各具特色的主题湖，实现城中有湖、湖中有城、天蓝地绿、水秀城美的水乡景观，以此盘活土地资源，加速城市生地向熟地的转化增值，增强城市的聚集功能。

3）睢县博物馆

按照国内外旅游发展的经验，以及睢县社会经济深层次发展的需要，应建一个睢县博物馆，用以展示睢县博大精深的历史文化、城址变迁和丰富多彩的自然景观。正也是睢县旅游发展的需要，融历史文化展示、科学教育、观光游览于一体，开展青少年自然教育活动，成为睢县旅游发展的一个亮点。

4）风土村民俗文化中心与农家乐

保护典型中原风土村落，保留传统的生产方式，降低居住人口密度，发展观光休闲业。依托商丘悠久的历史文化，利用睢县当地活跃的民间艺术活动，集中表演。可邀请各乡特色表演队，进行民间戏剧、民间舞蹈、民间说书艺术、讲故事、民间刺绣、民间剪纸等工艺美术表演，鼓励游客参与。

选一些示范定点农户，让游客参与体验农户生活。体验仙境，感受仙境。吃农家饭，住农家院，享农家乐。利用山水环境，开展野营、野餐、科普、探险、远足、野外生存等活动，设立自助旅馆、营地木屋、营地帐篷、服务点等服务设施，建立野营科普基地。

5）北湖滨湖公园

在现已建成的新世纪公园基础上，增加绿化，丰富植被层次，统一建筑风格，增添必要的公园设施，使之不仅作为对外旅游的一大景点，同时还要成为当地老百姓的日常生活的场所。

6）特色生态城市公园

在县城的土地闲置地带，结合原有的生态林和防护林工程，整合土地，种植绿化，以特色农业文化为内涵，建设生态的城市公园，既丰富景观，为当地居民提供一个游憩休闲场所，也保护了生态环境，防止土地开发对当地环境的破坏，筑起一座天然的保护屏障，同时可以保证一定的经济收入，为开展休闲旅游和解决当地剩余劳动力提供另一条出路。

7）“明清一条街”的保护和开发

作为睢县的历史文物保护单位以及这座省级历史文化名城的主要内涵之一，对“明清一条街”的保护和开发关系到文物保护与城市基本建设的矛盾问题。目前的街景已经是年久失修、破落不堪，严重影响到有关居民的居住安全和生活环境。因此，我们建议，在拆除部分没有修缮价值的建筑的基础上，保留部分典型的现状较好的建筑，严格把关，尽可能使修缮后的“明清一条街”修旧如旧，成为真正的传统民居建筑群，实现其文物保护和旅游开发的双重价值。具体措施还需文物和相关部门协商决定。

4.游线组织

1）游线设计原则

（1）组景内容丰富多样；

（2）旅游间距适中；

（3）环线游览。

2）游线设计方案

（1） 区际旅游线

① 睢县首先要列入豫东旅游线之内。因为豫东是一条已经比较成熟的带状型旅游线路，在国内外已建立起良好的声誉和客源市场。睢县应与豫东线的开封、周口等城市的名胜古迹、宗教建筑、文物古迹、自然风光、民俗风情等组合成复合型旅游产品线，实行优势共享、资源互补，吸引共同客源。

② 睢县旅游要紧紧依托商丘市。从现实和潜在客源流向分析，通过商丘市流入睢县的客源占睢县总接待量的很大比重，商丘永远是睢县引入国内游客的主渠道。为此，睢县城区应与商丘市区、商丘古城等组成多品种、高品位的聚

合型旅游产品，形成区际环形旅游线路。

（2）县域旅游线路

① 北线：中原四大名寺之一的白云寺—王伯党墓—睢杞战役烈士陵园—北湖

② 东线：明清一条街—“睢州八景”中的吕祖庙—宝墨亭

③ 南线：唐宋时期的无忧寺塔—圣寿寺塔

④ 西线：汤文正公祠—睢杞战役战场遗址—周龙岗文化遗址

3.21 嘉兴市秀城新区控制性详细规划

3.21.1 规划背景

秀城新区的规划用地位于嘉兴市区的东南片，向西与革命胜地南湖遥遥相望。用地内除现存有少量农民住宅外，大部分为农田，用地较为平整，且拆迁量相对较小，其间现存的水网与植被提供了良好的生态环境，在规划与建设中要加以充分利用。在基地南侧，新建成的中环南路保证了与主城区的交通联系，另外东西两侧的主要道路也正在建设中。根据上述有利条件和城市经济发展的需要，嘉兴市秀城区人民政府决定对该用地进行控制性详细规划，现为方案阶段。

3.21.2 规划原则

1.秀城新区的规划与建设应与嘉兴市的城市建设和经济发展水平相协调。

2.新区的规划应贯彻“以人为本”、“尊重自然”和“可持续发展”的思想，满足经济性、安全性、舒适性、生态性的要求，创造一个布局合理、功能齐备、交通便捷、环境优美的现代化新区。

3.新区的开发与建设应面向市场，切合实际，有利于起步建设与分期开发，正确处理社会效益、经济效益与环境效益的关系。

4.考虑规划实施的长期性与未来的发展，各项控制指标要具有相对的弹性，从而提高规划的可操作性。

5.符合嘉兴市东南大门、城市副中心、秀城区相对独立的政治、文化、商贸中心的整体定位。

3.21.3 规划理念——自然·生动·高效·人性

1.布局结构——比例协调、布局有机

1）总体布局

根据综合开发的原则，将秀城区分为行政办公、文化娱乐、商业及居住四大区块。每一功能区做到尽得其所，各尽其表，同时在整体上相互依存。

2）行政办公区

位于新区的中部靠近城市中心的一侧，这样既有利于办公管理的需要，又方便与中心城区的联系。它在建筑群体的组织上采用自由式的布局，结合形成南方城市特有的空间环境。

3）文化娱乐区

与行政办公区紧临，分布于行政中心的前后两侧，并与行政中心结合，形成市民广场，方便市民使用，体现民主精神。该区包括图书馆、文化活动中心、健身中心、影剧院等文娱设施，可形成一综合的文化场所。

4）商业区

分成两组，分别位于中环南路北侧及新区的西北角，其中绝大部分集中布置在中环南路以北，形成集群的商业环境，这样既有效地利用了中环南路便捷的交通条件，又有利于形成中环南路良好的沿街景观。其构成要素中既包括中高层的商业办公设施，又包括低层的大规模商场和超市，另外服务业也在其中占有一定比例。

5）居住区分布于新区的东半部，考虑到未来新区的发展，可继续向东形成连续的大规模居住区。并且居住区充分地利用了基地的水网，可形成优美、舒适的居住环境。居住区带来的大量人流为其他各区提供了必要的支持，因此它在面积上比重略大。

2.交通的组织构思——结合地形、曲直并用

1）本方案的路网布局充分考虑了基地现有的水网，以不破坏生态环境为原则，根据各分区的具体条件进行了有针对性的安排，形成自由与规则并用的格局。

2）为使区内道路形成良好的层次结构，本方案将道路系统划分为主干道、次干道和支路三个等级。其中主干道指贯通地块南北的曲线路（红线宽度40m）；次干道指东西向的三条贯通道路（红线宽度30m），其中北侧的两条为上一级规划中已确定的。主干道与次干道的职能主要是使新区与外界形成便捷的交通联系，同时将整个用地划分为若干个区块。支路主要负责区内的活动联系，其红线宽度为20m，路网密度较干路要大。这样通过交通分级，使区内道路系统与城市市区内道路系统与城市交通行为一致、协调，提高整体交通效率。

3）基地现状路网及规划建设中的路网基本形成东西向的平行路网的框架。本规划在区内中心位置插入一条东西向的曲线干道，通过这一活元素的引入，将各主要功能区有机地串联起来，并且有助于体现新区的特色及时代感，避免形成千篇一律的呆板构图。

4）商业区的路网结构仍沿用方格网式的布局，这样划分出规整的矩形地块，有利于商业开发。并且相对其他区块，商业区的路网密度适当提高，有利于增加沿街面积，提高经济效益。

5）居住区内的路网结合水系采用了自由式布局方式，这样既可减少外界交通的穿越，又可形成丰富多变的道路景观。考虑到将来居住组团的整体开发，居住区的路网只做到次干道的深度，并未过细地划分。

6）另外，为了使区内居民有一个舒适、安全的生活和休闲空间，在路网的规划中，沿区内水系的两侧设置一个步行道系统，它结合绿化和广场布置，既丰富了景观，又创造一个安全的步行空间。

3.景观规划构思——自然生态、返朴归真

1）由于商业等功能的要求，使新区在景观上要具有一定的城市性与现代性，同时现存的自然条件又决定了其景观的生态性，所以在本方案中我们试图将两者有机地融合在一起，相得益彰、相映成趣。

2）在商业区的规划中，规划着意于对群体空间的塑造，运用城市设计的概念，对街道的空间界面及主要建筑的体量关系都做了一定程度的引导和控制，从而保证统一的空间形象，避免造成杂乱无章的效果。

3）在行政办公区与文化娱乐区的设计中，规则的广场与自然的水系和绿化相结合，形成宜人的尺度，丰富的环境意向及大面积的开敞空间。

4）在居住区的规划中，主要运用了自然、生态的原则，周边沿道路布置板式、组合式的多层或小高层，形成内部相对安静的空间，中心结合水系形成的自然环境，布置联立式的低层住宅及单体小别墅，形成良好的生态环境。

5）道路方面，除了种植行道树，还在中心曲线主干道的两侧设置了30m宽的绿化带，形成良好的步行环境及道路景观。

6）建筑形态方面，尽量体现新区的特色，从群体空间到建筑单体都要体现出时代感与现代性，尤其对主要沿街界面的处理，运用城市设计的方法，形成优美的天际线和丰富生动、错落有致的视觉效果。

3.21.4 开发思路

1.考虑到规划实施的长期性与城市建设的间断性特点，秀城新区的开发建设在整体上采用滚动式的开发模式，从而提高规划操作性与可行性。所谓滚动式的开发，简单表述即分步骤、有序地进行开发，在不断积累中扩大建议范围。

2.要建设就要有投入，然而仅凭政府的单方投入是不足以达到目的的，关键的问题是吸引外部投入，而吸引投资至关重要的一步就是基础设施的建设。所以在新区建设的第一步应该是对基地的基础设施进行建设，这其中包

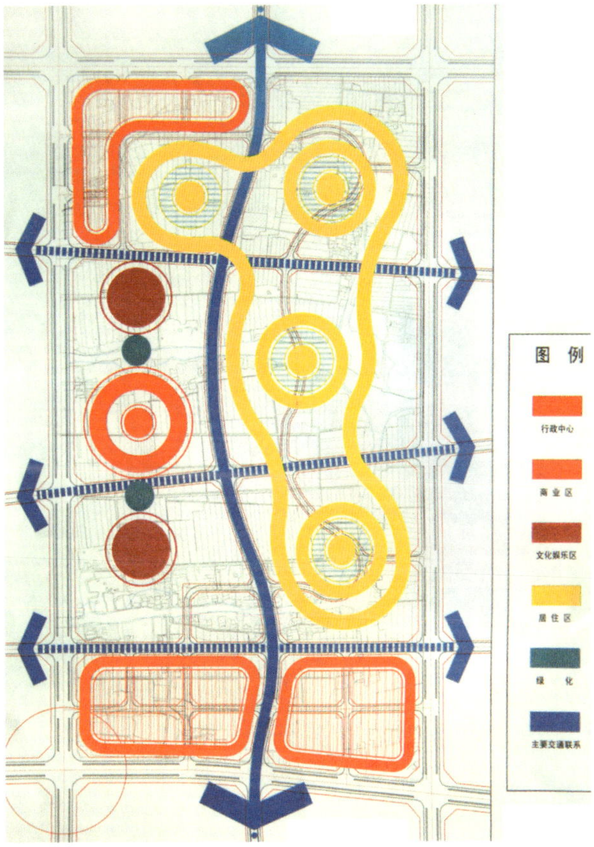

规划结构图

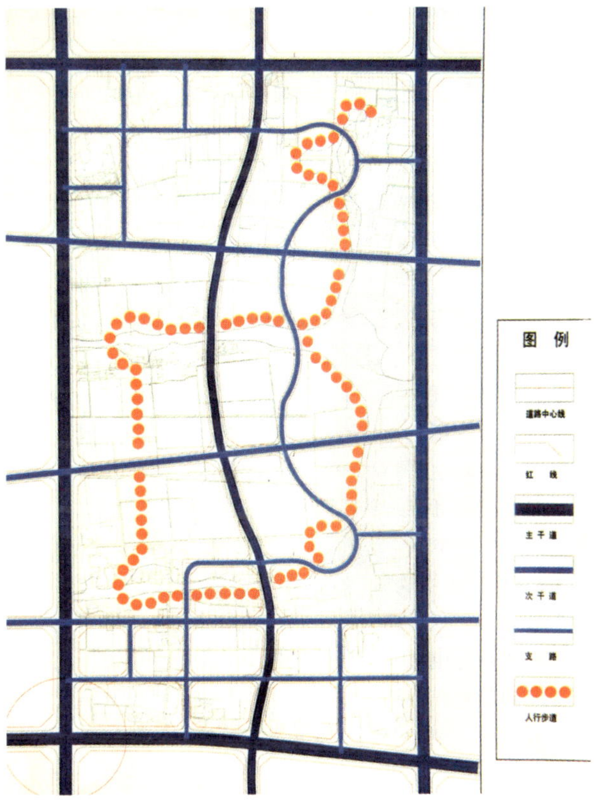

道路系统规划图

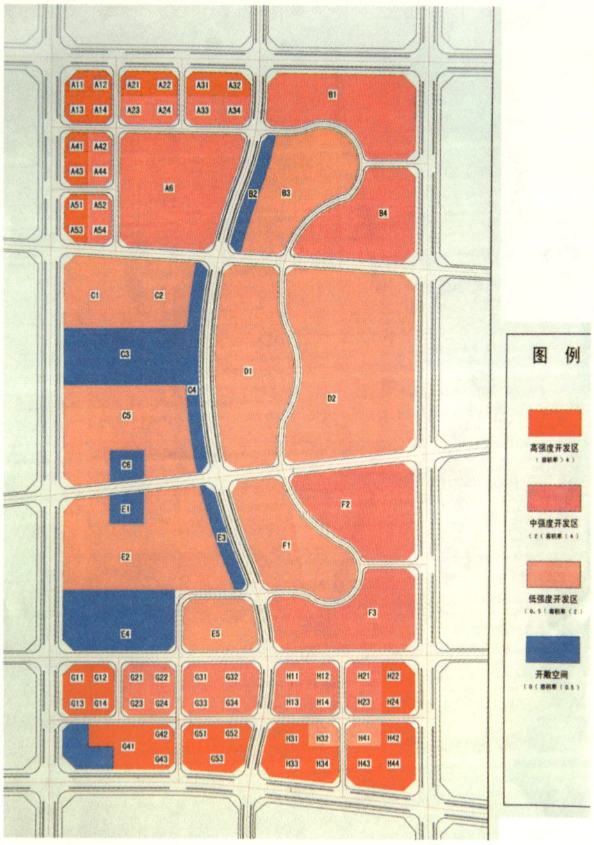

开发强度规划图

括道路、各种工程管网（给水、排水、供电、通讯等）的建设，即所谓的“七通一平”，由此将“生地”变成“熟地”，这一阶段的拆迁及建设费用，主要由政府来支付。

3.便捷的交通条件和良好的基础设施是吸引开发商的必要条件，但不是全部条件，根据国内外的经验，环境区成为吸引投资的另一主要因素。所以在可能的条件下，还要对基地内的环境进行必要的整治，从而使土地升值。但在这一过程中要非常注意一个问题，即对现存良好自然环境的保护（其中主要是水系与绿色植被）。

4.在信息时代，宣传也是一个有效的手段，通过必要的宣传与行政手段可促进吸引投资的实现。在建设之初，政府可自行投资在行政办公区内建一定规模的办公设施，这样既有利于管理，也有利树立新区的暂新形象。在4大功能分区中，居住是最具开发潜力的，由于区位的差异，新区的房价必然会低于市区内同等档次的住宅，所以新区的住宅建设可能是最先行的。伴随有特色的高品质的居住组群的建成，吸引一定数量的人口到新区生活，从而形成商业的需求与文化的需求。商业活动此时会自发形成，作为物质载体的商业与服务业建筑也会相应增加。

5.运用出售土地的地产收入，政府可以进行文化设施及环境建设，为居民创造良好的生活、休憩与休闲环境，从而吸引更多的居民，使新区在规模上得以拓展。

6.必须格外注意的一点是，商业活动主要是市场规律在起作用，而非行政手段的结果，所以商业区的建设规模要适当，切忌盲目的开发，造成不必要的重复建设，导致资源闲置、资金浪费。要充分发挥交通对经济的拉动作用，在不影响交通的条件下，利用交通带来的区位优势发展商业，形成一定的规模效应。

3.21.5 设备工程规划布局构思

1.给排水工程规划

1）给水工程规划

新区用水以主城区的供水网络为依托，分别在东西南北四个方向与城市给水管网相联系，其中中环东路东侧为DN800mm的干管，西侧为DN300mm的干管，中环南路南侧为DN800mm的干管，北侧为DN300mm 的干管；沿南溪路与双溪路均埋设两根DM400mm和DN200mm的给水管。为满足水量和水压的要求，提高供水的可靠性，区内应设有若干泵站、水塔和阀门井等调节与储水设施。另外为满足消防要求，区内的主干路、次干路与支路上均需设置室外消火栓，其间距应小于120m，且连接消火栓的管道直径应大于100mm。

2）污水工程规划

为充分利用基地的现状地形条件，新区采用雨、污分流的排水体制。雨水通过单独的雨水管按就近分散排放的原则排入水体；生活污水一定要通过污水管道统一集中至污水处理厂进行处理，达到国家综合污水排放标准（GB8978-88）的要求方可排入水体。区内生活污水的排放走向主要是向西至中环东路，向南至南溪路与城市管网相接。

2.电力、电讯工程规划

1）电力工程规划

遵循现代化、高效率的原则，新区的电力网络最好采用电缆的方式供应。为与城市电网取得良好的衔接与过渡，区内应建有配电所及闭所等设施，如果附近无大型的变电所可供使用，新区还应自建一处变电所，变电所的出线走廊宽度应满足相应标准，以保证居民的安全为原则。配电所应分别设在居住区与商业区中，提供不同的电压，其中户内型的配电所，单台变压器容量不宜超过630kVA，一般为两台，进线两回；315kVA及以下的变压器宜采用变压器台，户外安装。

2）电讯工程规划

行政中心设计方案鸟瞰图

新区内的电讯网络应通过西侧中环路的36孔管道和东侧双溪路的12孔管道与中环东路与泾水路交叉口的三水湾电信分局连通。有线电视网络主要是通过中环东路的城市光缆主干线与南溪路和中环东路交叉口西南侧的有线电视分中心相连。

3.供热工程规划

目前，沿中环东路设有R300mm的主干管，沿南溪路、双溪路设有R250mm的干管，可满足近期建设的需求。考虑远景发展，嘉兴市将使用天然气供热，规划草案已于11月上旬出台，所以在本区下一步控制性详细规划的编制中应主要考虑天然供热系统的规划，由于基础资料不足，在方案阶段暂不涉及。

4.管线综合规划

各项工程管线的布及应满足管线综合的合项原则。避让原则在综合布置地下管线产生矛盾时：

1）压力管让自流管。

2）管径小的让管径大的。

3）易弯曲的让不易弯曲的。

4）临时性的让永久性的。

5）工程量小的让工程量大的。

6）新建的让现有的。

7）检修次数少的、方便的，让检修次数多的、不方便的。

如遇管线共沟敷设应符合相应规定。另外，各管线间的间距、埋深等指标均需满足相应的规定与标准。

3.22 河南省商丘市小城镇生态建设与环境景观研究

3.22.1 小城镇生态建设的意义

1.生态型小城镇是时代的必然选择

我国目前处于小城镇快速发展的阶段，而小城镇建设是涉及生产力、生产关系诸方面的全局性和战略性调整。当前我国城镇化过程中只注重几个经济增长指标的考核而忽视城镇经济、社会、生态、人文、环境的协调发展，以及环保意识差、缺少可持续发展的观念（在城镇化进程中忽视对生态环境和自然资源的保护）等问题的出现，与生态化的时代格格不入，必将影响小城镇的长远发展。

从历史来看，随着社会生产力的不断提高，人类社会已经经历了农业社会和工业社会两个发展阶段。现在，“绿色技术”的出现又推动了生态革命，在此基础上也必将建立起一个生态化的社会。生态时代的认识论基础是人与自然的和谐。人类历史上人与自然的关系已经经历了“朦胧”—“对立”—“和谐”三个阶段，人对自然的运作也从原始时期的“无争”到现代的“掠夺”及今后的“和谐”。生态时代的核心内涵是经济社会发展与生态环境的协调，这是人们花了巨大的代价才选定的一个理想的社会经济形态，其根本特点是既尊重客观经济规律作用，又尊重客观自然规律的作用。

已有的城市化道路表明，城市中集中了大量的物质财富、人类智慧和古今文明的同时，也集中了当代人类的各种矛盾，产生了所谓城市病。诸如城市的大气污染、水污染、垃圾污染、地面沉降、噪音污染；城市的基础设施落后、水资源短缺、能源紧张；城市的人口膨胀、交通拥挤、住宅短缺、土地紧张，以及城市的风景旅游资源被污染、名城特色被破坏等。这些都严重阻碍了城市所具有的社会、经济和环境功能的正常发挥，甚至给人们身心健康带来很大的危害。

随着生态环保观念被人们广泛接受，回归自然的呼声越来越高，“把家轻轻放在大自然中”是对未来人居环境的生动描述，也是商丘市小城镇寻求定位新特色的契机之一。

2.打“生态牌”提高小城镇综合竞争力

商丘市经济发展总体上具有资源优势、劳动力优势、位置和交通优势、能源和原材料供应充足以及具有相当实力的工业基础等有利条件。但是，随着世界性产业结构调整，高新技术产业比重增加，使得传统资源开发和加工型产业，成为低附加值产业，对资本吸引力降低，处于不利的竞争地位，资源优势竞争力处于降低态势，而劳动力优势有待于劳动力素质的提高也在一定程度降低了其对当地经济发展的贡献力。

而环境状况是吸引投资的一个重要因素，生态环境质量差、污染严重是引资的限制因素。良好的环境，是实行对外开放、引资的重要条件，二者相互依存、彼此促进。同时，保护环境也是保护生产力发展所必需的物质基础。

商丘所处地区是我国经济开发最早、人类活动最频繁的地区之一，因而生态环境也受到了较大的破坏，加上受现代工业和乡镇企业发展的污染影响，生态环境向不利于人们生存的方向演化。同时，商丘市也是人口、资源、环境与经济发展矛盾较为突出的地区，发挥小城镇建设在推动经济持续快速健康发展和社会全面进步的同时，谋求人口、资源、环境与经济的协调发展，增强可持续发展的能力，是商丘市经济社会发展的内在要求。

在此背景之下，商丘市小城镇建设打“生态牌”，在某种程度上是为商丘寻求新的投资吸引力，进而提升当地综合竞争力的一个新举措。

3.22.2 小城镇生态建设的指导思想和原则

1.以可持续理论指导城镇生态建设

开展生态城市或者可持续城市建设。开展生态城市建设目标是使小城镇朝着建立和谐的人与自然、人与人之间的城市环境方向发展，而开展可持续城市建设的目的是要使得任何小城镇的开发建设活动和居民的生活方式都要对子孙后代负责。二者在本质上是一致的，开展生态城市建设会推进城市的可持续发展，而生态学是开展可持续城市建设的基本指导思想，二者都关注城市建设中的维护生态系统健康、关注居民生活质量、节约土地和资源等当前社会普遍关注的共同问题。

2.以预防污染作为城镇生态规划的重要指导思想

全社会对生态环境问题的响应经历了被动响应、接受现实、建设性发展和预防为主四个阶段，世界多年来的环境保护实践表明，末端治理的路线已经走到了尽头（为了处理污染要耗费巨额的资金、消耗大量的能源和物料；效果并不良好，有些环境问题根深蒂固，彻底解决十分困难）。

3.强化小城镇的生态学内涵

小城镇的生态主要体现在几个方面：

1）地方性，小城镇是一个基本上由当地人构成的空间实体，他们具有共同的文化背景和需求，在环境建设方面容易获得高度认同。

2）尺度小，小城镇具有人们生活和工作步行可达的小尺度，因而可以避免大城市巨大的机动车交通流量带来的空气和噪声污染等环境问题。

3）城外是乡村，城乡环境一体，小城镇的周围通常被乡村田野和自然山水景观所包围，没有无序蔓延的城乡结合带，是天然的“田园城市”。通过河流、残遗的农田林网等将城市与周围的乡村自然景观连为一体，城市和乡村互相融合，可以避免在城市中建设大型开放绿地需要占用额外的土地，而将城市建设成为高效紧凑的可持续城市形态。

4）低消费和低能耗，小城镇在物质生活方面较大城市简单，数量也较少，可以避免过度的物质消费带来的对社会财富的浪费。建设合理的小城镇不会有大城市的“热岛效应”，可以节约大量的调温用能，同时具有很好的使用太阳能的条件，各种屋顶太阳能热水器可以成为城市形象的一部分。

小城镇的这些生态上的特点，表明小城镇与生态学应用的基本原则有着天然的联系，对于本地居民安居乐业，大城市中追求过一种简朴宜人生活的人群具有强烈吸引力。因此，小城镇建设应该围绕如何强化以生态学的内涵进行规划。

4.规划原则

城镇属于一种自然—社会—经济的复合生态系统，兼具经济、生态、文化价值。城镇生态系统的优劣需要人为地调控。在小区域内研究乡村城镇化，最终目的是落实到具体的城镇建设和管理，使其既能发挥经济生产潜力，又能使相应的自然生态环境成为有序、健康发展的宜人环境。

商丘小城镇建设生态战略规划原则是从商丘市实际出发，采取因地制宜、逐步推进、综合发展的战略。近期以经济效益为主，兼顾社会效益和生态效益，中期以社会效益为主，远期则以生态效益为主。

3.22.3 生态资源现状分析

1.农业资源

商丘市位于河南省东部冲积平原区，是河南省耕地集中、土地质量较好的地区，属暖温带气候区，农业比较发达，农业开发远景广阔，平原林网完整，林牧业发展前景较好。该地区自然条件得天独厚，物产丰富，农、林、牧、副、渔各业兴旺发达，是国家著名的农副产品生产基地。各种粮食、棉花、油料、烟叶和水果、林木、畜牧产品品种多、产量大、质量优，享誉全国。全市共有产粮大县2个，商品粮基地县6个，产棉大县2个，优质棉基地县5个，瘦肉型猪生产基地县4个。其中，民权县胡集回族乡是农业部优质果树生产基地，龙塘镇是国家农业部指定的“全国优质红富士苹果生产基地”；宁陵县被国家农业部列为全国唯一优质酥梨生产基地县，誉为“中国酥梨之乡”，同时还被国家确定为全国山羊板皮基地县。商丘市还是全国著名的“泡桐之乡”，全市桐木蓄藏量达8000万m^3。

商丘市作为农业大市，农业生产对全市生态环境起到决定性影响。由于目前农业种植结构与环境状况（土壤性质和降水量年均分布不均）的不相匹配，形成冬春季节沙尘天气频繁，严重影响当地生态建设，也制约着当地城镇生态环境的改善。

2.水资源

商丘市地处豫东黄河冲积平原，水资源总量严重不足，全市人均水资源443.1m^3，亩均水资源量374.2m^3，远低于全国、全省平均水平；再加上地表水严重污染，现全市供水主要依靠地下水。由于城市工业的发展、人口的增加，对地下水的需求量日益加大，加之对地下水的不合理开采，致使地下水资源消耗过大，地下水位下降，形成地下漏斗区，并呈逐年扩大趋势。随着小城镇建设进程的加快，用水量必将迅速扩大，水资源不足将成为经济发展的制约因素。

1）地表径流

商丘属淮河流域，分属洪泽湖、涡河、南四湖三大水系。洪泽湖境内流域面积4912km^2，涡河水系境内流域面积4341.5km^2，南四湖水系境内流域面积866.4km^2。境内的骨干河流有涡河（4048km^2）、惠济河（3700km^2）、沱河（2358km^2）、黄河故道（1408km^2）、浍河（1314km^2）、王引河（1020km^2）等。河流大多呈西北东南流向，大致平行相间分布，多属季节性雨源型，汛期遇大暴雨，河水猛涨，洪峰显著，水位、流量变化很大。各县市区平均降水量为686.5～872.9mm，南部多于北部，东部多于西部，降水量由东南向西北呈递减趋势。降水量的年平均分布不均造成了春旱夏涝，涝后又旱，旱涝交替的气候特点。防洪抗旱是商丘市农业生产用水年分布不均的体现。

2）地下水资源

商丘市位于黄河冲积平原孔隙水区（黄河横贯本区，由于其河道历史上多次变化，含水冲积层遍布本区），浅层含水组由砂砾石、中粗砂、细砂、粉细砂所组成。含水层性质、结构和季度变化复杂，富水性不如山前平原，单井涌水量16.25吨/时米，其中60m以下为承压水。商丘北部处于浅层地下水贫乏的地区。

农业灌溉地下水开采过度给商丘地区发展带来隐患。整个黄淮海平原中部地区的农业用水有三个来源：

1）年平均600～750mm的降水，扣除10%左右的径流深度，实际有450～675mm可用；

2）约76亿m^3的引黄灌溉量。据近几年常有黄河断流的报道，1997年黄河断流13次，断流时间达226天，后果十分严重，这个引水量已到了极限；

3）约104亿m^3的井灌水。从以上3个来源，可估计出本地区每亩农田年用水量为500～700m^3，但对于大气的蒸发要求（年平均蒸发量1350～1450mm）来说它仍显不足。就河南情况而言，年平均缺水24.2亿m^3，中等干旱年缺水68.7亿m^3，这些缺值均由超采地下水补偿，因而造成地下水位连年下降，地下水漏斗面积不断扩大，至今已达749.7km^2。安阳、濮阳、新乡、焦作4地区地下水位8m以下的面积达7279km^2。根据观测，该地区水位年下降速度0.3～1.7m不等。宁陵县从1998年的7.91m下降到1999年的16.21m，下降速度为0.83m/年。

3.土地资源

商丘市土地开发历史悠久，单位面积上包含着较多的人类劳动，土地开发基础好，平原道路、平原林网建设、平原农田水利建设都达到较高水平，农业用地人均数量不多，供给受到限制，必须倍加珍惜。目前全市人口约800万人，面积10704km^2。其中，耕地面积62.4万hm^2，园地2.68万hm^2，林地4.36万hm^2，牧草地6.97hm^2，居民点及工矿用地16.2万hm^2，交通用地3.26万hm^2，水域6.62万hm^2，未利用土地1.16万hm^2，土地利用率99%。

商丘地区土壤类型主要为潮土和沙土，土壤质量差是本地区农业环境中的突出问题。据土壤普查，全区土壤有机质含量普遍偏低，形成土壤贫瘠的主要原因是：氮、磷、钾比例失调，土壤中有机质含量得不到补充，土壤养分的平衡被破坏，加之生活污水、工业“三废”（废水、废气、废渣）、化肥、农药中酸、碱、无机盐、重金属（镉、汞、铬、铜、锌、铅等）、含氮有机物和各种病原体的渗入，土壤污染量增加。

农业用地虽数量上有限，但有大量的低产田，因此它们的开发将会增加土地的有效供给。工业用地方面，由于人口密度低于沿海城市，土地供给价格也只有沿海的1/10～1/100，工矿区用地则相对宽裕。

理顺土地供给环境，培育土地交易市场，实现土地有偿转让，以土地转让费用促进土地开发是小城镇建设获取发展资金的有效途径。

4.动植物资源

本市属暖温带落叶林植被类型，为豫东平原栽培作物植被区。由于人类活动历史悠久，土地都已开垦，除少数沙区、河滩、山丘、洼地、盐碱地有自然植被外，其余早已为人工植被所代替，是河南省典型的农业地区。商丘黄河故道国家森林公园有水杉、池杉、银杏等珍稀树种分布。

因地处平原，野生动物的种类和数量较少。随着人类活动的影响，生态环境的变化，许多兽类、鸟类趋向减少，有的现已灭绝。饲养动物资源家畜主要有鸡、猪、羊等。商丘市现有鸟类资源约202种（其中国家重点保护的有22种，省重点保护的60多种），两栖类爬行类野生动物11种，兽类22种。主要分布于湿地资源较多的民权、睢县、梁园区、睢阳区和虞城县。

5.气候资源

商丘市属暖温带季风气候，主要特点是春季温暖大风多，夏季炎热雨集中，秋季凉爽日照长，冬季寒冷少雨雪。年平均气温在13.9～14.3℃之间，年平均日照时数为2204.4～2427.6小时，年日照率为50%～55%。无霜期平均为207～214天。全市热量丰富，作物生长季节积温较高，能够满足粮食作物一年两熟的要求。

6.矿产资源

能源资源，仅发现有煤炭，主要分布在永城市、夏邑县境内。含煤面积2056km^2，远期储量为100亿吨，工业储量23.56亿t，天然焦5.73亿t，可采煤层3～5层，总厚度6.6m，大都是低硫、低磷、中－富灰分、高中等发热量的优质无烟煤，是动力和生活用煤的理想原料。是我国六大无烟煤基地之一，已列入国家重点建设项目，正在建设之中。

金属矿产仅有铁矿，分布在永城境内，因水文地质条件复杂尚未开发。

非金属矿产，永城市境内的芒山镇藏有石灰岩、花岗石英斑岩、白云岩、细晶岩、大理石岩、膨润土、粘土等。

永城市城东3km和西北4km处有地热资源，埋藏深度580m和480m，水温分别为36℃和40℃，为低温热水。

7.生态旅游资源

生态旅游资源指以生态环境优美吸引游客前来进行生态旅游活动，为旅游业所利用，在保护的前提下，能够产生可持续的生态旅游综合效益的客体。也就是说，生态旅游资源既包括自然生态系统，也包括文化生态系统；既包括物质上的“有形的生态旅游资源”，也包括精神上的“无形的生态旅游资源”，诸如自然保护区、森林、气象、水文、植被、动物区系、民俗民风以及人文景观等形成的系统。

商丘是中华民族的发祥地之一，是文明之火和先商文化的发源地，因商部落居于丘而得名，“商品、商业、商人”由此兴起。从远古时代人类就已经在商丘繁衍生息，创造了灿烂的文明。从发掘的文物可知，这里有五六千年前的仰韶文化、四千年左右的龙山文化，两千多年前的先商文化。据调查，全区有古文化遗址1000多处（载入《中国文物地图集》的文化遗址为802处）。

商丘古城为我国目前保存最好的四大古城之一，1986年被国务院命名为全国历史文化名城，1996被国务院授予全国重点文物保护单位。令人叹为观止的西汉梁王陵墓群位于永城芒宕山，其数量之多，规模之大，价值之高，分布之集中可谓全国独一无二，世所罕见。白云寺始建于唐贞观年间，该寺与少林寺、白马寺、相国寺并称为中州四大名寺。

刘口黄河故道自然风景保护区被人们称之为“水上长城”的黄河故堤，迄今已有450余年的历史，也是目前全国保存最完整的黄河大道。商丘黄河故道国家森林公园位于梁园区西北部，是全国平原绿化惟一的国家级森林公园，是一个以黄河故道自然风光为主要特色，集游览观光、生态旅游、科普教育、度假休闲为一体的综合性国家级森林公园。公园现有森林蓄积量1.8万m^3，森林覆盖率达85.1%，森林物种包括水杉、池杉、银杏等珍稀树种和刺槐、泡桐、杨树等速生优质用材树种。睢县凤城湖旅游区，睢阳区南湖公园，民权城关镇、程庄镇境内的申甘林带以及黄河故道沿线的林七湖、吴屯湖、任庄湖、张阁湖和郑阁湖，也是生态旅游的良好去处。

3.22.4 城镇生态环境质量总体评价

1.大气环境质量

商丘市大气环境质量整体尚好，局部堪忧。大气污染主要集中在工业密集区，分布上呈现城中心较城郊污染严重这一趋势。工业大气污染主要是化学污染，成分有二氧化硫及一些有毒气体。大气中氮氧化物和一氧化碳物质则来自工厂烟囱排放、居民生活烧煤以及汽车尾气。

应该引起注意的有夏邑县李集镇生产的保温建材，主要是石棉产品，该产品中含有毒成分较多，造成大气污染严重；杨集镇磷肥厂在生产过程中产生二氧化硫等硫化物并直接排放大气层，是主要的污染源。永城市火力发电厂与30t合成氨厂、民权县龙塘镇磷肥厂、梁园区张阁镇磷肥厂、睢阳区勒马乡五尤磷肥厂也是当地大气污染的主要来源。

2.水环境质量

商丘地区城镇的水污染日趋严重，水环境质量总体状况不佳。工业污染源和生活污染源是本地区水体污染的两大源头。

商丘市共有5条省控责任目标河流，自西向东依次是惠济河、大沙河、包河、浍河和沱河。由于市区绝大部分工业污水及生活污水通过这5条河流排放，再加之近几年降雨量偏少，这些河流径流量小，枯水期基本没有流量，造成河道水体自净能力差。现在除沱河张桥段水质略好外，其余河段均为劣V类水质。河水水质以有机污染为主，主要污染物为化学需氧量（COD）、五日生化需氧量（BOD5）、氨氮（NH3-N）、悬浮物（SS）和挥发酚。

夏邑李集镇的漂染工业、地毯厂的废水未经任何处理直接排入水体，废水中主要有苯胺类、悬浮物、硝基苯类及氰化物等，杨集镇新新木业公司、珠栗食品公司、再生纸厂、茧丝绸公司等排放的工业废水含有苯胺类、硝基类物质，此类未经处理或处理率低的工业废水直接排放，造成当地部分河流不可逆性的污染。虞城县杜集镇第二造纸厂和睢县长岗镇造纸厂也属此类污染企业。另外，虞城县杜集镇豫东华信油脂厂和城关镇万新肠衣有限公司、宁陵县程楼乡西村油脂厂生产废水的直接排放对当地水体的富营养化作用也应当引起注意。

商丘市绝大多数城镇镇区内排水主要依靠河流沟渠和地表径流，街道两侧没有排水沟，雨、污水无法及时排泄，造成积水和污泥，环境质量差。城镇生活污水富含COD、蛋白质、氨基酸、动植物脂肪、尿素、氨、合成洗涤剂等，这些生活污水直接排放入水体，造成水体富营养化，水体生物多样性急剧减少，进一步造成生态系统失衡和景观破坏。

3.噪声环境质量

商丘市部分小城镇规划观念照搬大城市，在功能区的划分、交通布局方面参照大城市的机动车交通模式，使一些规模不大的小城镇很快浓缩了各种源自于机动车的环境公害，如公路干线穿城而过，造成严重的噪声和尾气污染，同时给城镇居民的人身安全带来很大的威胁，如310国道横穿宁陵县逻岗镇和石桥乡、民权县龙塘镇以及夏邑县城关镇等，陇海铁路横穿夏邑县杨集镇、梁园区谢集镇、宁陵县柳河镇、民权县城关镇等部分镇境。另外，随着机动车数量的迅速增长，如夏邑县李集镇豫港大道横穿李集镇区，车流量大，带来噪声污染。工业噪声污染主要是工厂发出的生产噪声，如火电厂等。

4.固体废弃物处置

2000年全市生活垃圾（主要是居民燃煤）产生量47.7t，其中简单处理38.2万t，排放量9.5万t。随着城市人口的快速增长和人们生活水平的提高，城市生活垃圾的产生量将持续增长。据资料显示，当地大部分小城镇固体废弃物综合利用率低，污染严重。商丘市小城镇建设中缺少垃圾中转站及垃圾处理厂，工业垃圾和生活垃圾没有处理，乱堆放，造成坑、塘、河流、水体污染。这些垃圾在城区低洼地及坑塘周边填放，不但侵占了宝贵的土地资源，而且还引发多种环境问题，如侵蚀土壤、污染大气、地下水和地表水。

以上现象表明商丘小城镇发展存在以下突出问题：基础设施建设中环境意识落后，没有普及推广体现都市生活精神的使用清洁燃料，缺乏生活垃圾和工业固体废弃物收集和无害化处理、城镇污水收集和处理的必要的城市环境设施，形成垃圾随意堆放，占用宝贵土地，并污染环境；生活污水通常不经任何处理而随意排放，工业污水的处理率极低，散发臭气的简陋排水明沟或暗沟直接连接农田河道，造成水体和城镇周围农田土壤环境污染；它们还有一个共同后果，即造成严重视觉污染和嗅觉污染，给小城镇的形象带来严重的负面影响。

5.城镇园林绿化整体水平低

商丘市小城镇整体绿化覆盖率较高，许多乡镇成为平原绿化先进乡镇。2000年城市人均绿地面积6.4m^2，较1995年人均绿地面积3.4m^{2}增加88.2%；城镇绿化率由1995年的20.8%增加到2000年的31.5%。但是由于历史原因（大跃进时的大炼钢铁和1979年联产承包责任制后的砍伐），大面积生态防护林被毁，降低了其防风、固沙、蓄水保土、涵养水源、净化空气等生态功能。并且由于树种单一，病虫害严重，形成大面积低产林。全市仍有半流动沙丘面积448.5hm^2，主要分布在民权、睢县和梁园区。

小城镇绿化工作中存在城镇绿化布局不合理，新建、改建、扩建地段的绿化工作没有跟进造成当地生态环境较差，不能满足城镇居民休闲娱乐需求；另外，还存在绿化树种单一、专用绿地数量少且分布不均和绿地种植结构不合理等问题。

3.22.5 生态区域划分

按照城镇开发程度的强弱，生产力布局的不同，周边自然资源特点，商丘市小城镇分布在以下几类生态分区中：

生态敏感区

生态敏感区是对区域总体生态环境起决定性作用的大型生态要素和生态实体，其保护、生长、发育的好坏决定区域生态环境质量的高低，生态敏感区包括自然保护区、森林公园、水源地、大型水库、海岸带以及风景名胜区等。生态敏感区内小城镇的建设，要严格控制区域开发强度，加强生态规划工作，条件成熟时可局部开发旅游。

1.豫东黄河故道湿地鸟类自然保护区

拟建中的商丘豫东黄河故道湿地鸟类自然保护区，属于黄河故道湿地系统的组成部分，地处黄河中下游的人口稠密区，区内水域、滩涂广阔，野生动、植物资源丰富，是内陆平原地带罕见的湿地自然保护区，具有重要的生物多样性保护意义和潜在生态旅游、科研开发价值。但是这片湿地的处境也令人担忧，当地农民长期存在的“天然湿地就是荒地”的观念，导致许多湿地被改造成了农田。加快湿地自然保护区的申报和建设，是当前商丘市生态建设的重要任务之一。

2.黄河故道生态防护林工程保护区

商丘黄河故道国家森林公园位于梁园区西北部，是全国平原绿化唯一的国家级森林公园，是一个以黄河故道自然风光为主要特色，集游览观光、生态旅游、科普教育、度假休闲为一体的综合性国家级森林公园。公园现有森林蓄积量1.8万m^3，森林覆盖率达85.1%，森林物种包括水杉、池杉、银杏等珍稀树种和刺槐、泡桐、杨树等速生优质用材树种。

近几年随着人口增多和城镇发展速度加快，人粮和林粮争地的矛盾日渐显露出来，黄河故道内种植的大面积生态防护林遭受到了不同程度的毁坏。再加上原来起到防风固沙作用的经济防护林也因为品种老化和经济效益差，许多已被砍伐而换种了经济作物。该保护区还面临树种单一，病虫害抵御能力低等生态安全问题。如今河南省平原地区绿化，大多是杨树和泡桐两种树，存在树种单一、替代树种不够的问题。杨树容易感染“杨扇舟蛾”虫害、泡桐易感染“大袋蛾”虫害，且一旦蔓延很难控制。近期郑州至商丘的高速公路两边新植的杨树受到绿虫虫害袭击事件的发生，敲响了森林生态灾害防治的警钟。引进和培育更多的优良树种以抵御虫害肆虐成为当务之急。

3.黄河饮用水源保护区

商丘市水资源相对短缺，市区深层地下水已经超量开采并形成了大面积漏斗。引黄水是商丘市农业灌溉、补充浅层地下水和将来城市供水的一个重要水源。坚决禁止引黄沿线发展水污染严重的项目，严格按地表水源地的保护标准，切实保护好水资源不受污染。

4.重点古文物保护区

以永城芒山镇为主体的一批历史重镇组成了商丘市重点古文物保护区。文物保护区可以由古城格局、历史文化保护区、文物保护单位及文物点保护构成，其核心为历史文化保护区。

生态修复区——永夏煤田资源重点开发保护区

永夏煤田是一个总储量达30多亿吨的大型优质无烟煤基地，“十五”期间，永夏煤田的生产能力将达到千万吨。永夏煤田在开采过程中有大面积的塌陷出现，同时产生大量煤矸石、煤灰和煤渣等，这些都将对周围环境产生重大负面效应。

矿区塌陷地的生态重建。废弃土地由于人为影响的减少，往往能展示出很高的生态价值。废弃地上植被群落的恢复途径包括改变地形、改善土壤结构、pH值控制、增加土壤肥力、调节水分营建湿润或干燥生境和使用本地树种等。可以在此基础上将废弃地开辟为生态公园。

围绕煤矸石、煤灰粉等固体废弃物的综合利用发展生态环保型产业是生态修复形成良性循环的保障措施之一，譬如利用煤灰粉制造砖块用于新区建设，就近建立矸石水泥厂等。

生态建设区

生态建设区包括重要的农产品生产基地，该类型生态区域由林地、农田、草地、水体、聚居地等生态系统组合而成，这些系统之间相互关系密切、互相制约、互相依存。通过积极开发、使用生物农药和高效低毒农药，控制化肥施用量，增施有机肥、加强规模化畜禽养殖污染防治，有效控制保护区面源污染，对于建设区内小城镇生态环境的改善具有积极意义。

生态控制区

生态控制区是改善城市生态和景观质量需要加以控制的区域，如城镇及城镇组团隔离带、城镇密集地区和企业相对集中地区，包括中部商丘城区及周边地区。此类地区要合理诱导人口、产业相对集聚，控制城镇沿交通干线盲目蔓延，确保农田保护区，建立生态走廊，提高控制区环境质量。

3.22.6 小城镇生态建设战略规划

目前，商丘市小城镇经济主体大多是就地取材，就地加工的乡镇企业，技术层次较低，资源消耗、环境污染等比较严重。另外，有一种错误的观念认为城镇比较小，大自然的净化能力尚能承受，又因为经济效益的要求，因而把谋求经济效益放到“杀鸡取卵”的地位，结果是顾了眼前利益而伤了发展后劲。小城镇的生态系统平衡，要从保护和控制两方面入手，即绿化保护、资源保护、控制过量的开发建设和维持适宜的环境容量。

本规划中突出了城镇的整体利益和长远利益，将创造和谐有序、高效完善的现代化生态城镇作为当地小城镇生态建设的总体目标。

近期生态建设目标——蓝天、碧水和沃土（2003～2010年）。

近期（2003～2010年）是商丘市小城镇体系合理布局和产业结构调整的关键时期，小城镇发展以经济利益为主而兼顾社会利益和生态利益，大生态环境的整治是近期生态建设的主题。针对目前商丘市仍然存在风沙大、河流污染严重、土地资源耗竭和空气质量有待提高的现状，围绕市委、市政府提出的创建国家级卫生城市、国家级园林城市的近期目标，营造“蓝天、碧水和沃土”的生存环境，提升商丘市城镇的总体环境质量。

1.调整农业种植结构，控制风沙

实现商丘市建设生态城镇的发展目标，首先需要提高当地整体生态环境，改变冬春季节风沙大的问题。可以采取以下措施：

增加小麦、油菜等冬播夏收作物面积，冬天调整农业种植业结构，增加小麦、油菜等冬播夏收作物面积；冬闲地采取免耕方式以保护地表结构，减少风沙期沙尘来源、限制牛羊等过度放牧对地表植被的破坏。

增加农田林网和经济林种植面积，由带状林网向片状林网演变，林网间距50～100m为宜。一方面进一步加强农桐（条）间作等的农田林网建设，另一方面可以针对当地气候资源，扩大现有一些乡镇周边地区果园种植规模，达到控制风沙、调节气候和取得经济效益的目的。

增加保护地种植面积，商丘市区周边小城镇可以加大对现代设施农业的投入，一方面可以作为市中心的菜篮子基地，另一方面又起到了防治风沙的作用。

2.保护土地资源——集约用地，造福后代

随着当地经济的发展，农业生产活动的规模和强度日益加剧，迭加于自然侵蚀之上的人为侵蚀，对于土壤的侵蚀与干扰与日俱增，大大限制了土地生产力的发挥。再加上镇区城市化进程迅猛，人们对土壤肥力的过分消耗等，使得土壤的侵蚀与土壤的保护能力处于一种非平衡的状态。为了缓解这一发展恶化趋势，实现土地资源的可持续利用，近期以保护土地资源为主。

从商丘市当前经济发展所处的阶段分析，正介于"经济起飞前阶段"与"起飞阶段"之间。因此近期一定要客观地分析发展现状，有计划地按照自己的资金能力和支持条件，首先发展27个战略重点城镇，切忌盲目铺摊子，造成人力、物力、财力和土地资源的浪费。

3.发挥城镇人口聚集作用

大量人口聚集的城镇拥有比乡村更完善的基础设施和公共设施，集约的土地利用方式使城镇呈现出与乡村完全不同的地域景观和建筑风貌。因此，充分发挥镇区的集聚功能，将部分村庄合并到经济实力较强的镇区，新址尽量选在盐碱地、旱地、荒地等，村庄原址大部分用于还田，一部分用于还林，可以缓解商丘市土地资源紧张的现状。

4.整治空心村

改变当前农村居民点建设分散，用地超标的现象（由于地广房稀，村中空荡荡出现大片空闲地，人们将其形容成"空心村"），将农村居民点人均用地控制在国家规定的最高标准（150m^2）以内。

5.控制无序蔓延的城乡结合带

采取得力措施制止城镇无限制扩展外延的问题，合理控制城镇扩张（城市用地增长率与人口增长率之比，合理的数值应是 1.12：1）。

6.加强土地污染治理

除了中心城区、县城和重点城镇垃圾处理厂、水冲式厕所等环卫设施项目的建设，还应该引入垃圾废渣等固体废物的资源化处理工程建设项目，如垃圾堆肥技术、畜禽粪便有机肥处理厂等，这样既可以解决困扰城镇的垃圾围城现象，又带动了相关环保产业的发展，实现城镇的可持续发展。

民权县褚庙乡、睢县长岗镇、虞城杜集镇和谷熟镇均有规模不等的砖瓦厂，应该充分认识到该类企业对优质土地资源的破坏作用，其发展应受到限制。

7.治理河流污染，保护水源

1） 河流治理

表1 商丘市2005年各县、区（市）控制断面水质标准

河流	省控断面	县、区（市）控制断面		水质目标要求			
				pH	CODcr(mg/L)	氨氮(mg/L)	BOD_5(mg/L)
包河	永城马桥	梁园区	宁陈闸	6～9	120	25	30
			蔡河口	6～9	120	25	30
		睢阳区	蔡河口	6～9	120	25	30
大沙河	包公庙	民权县	民权干渠闸	6～9	120	25	30
		宁陵县	清水河	6～9	120	25	30
		睢阳区	古宋河	6～9	120	25	30
惠济河	柘城砖桥	睢县	通惠渠	6～9	120	25	30
			利民河	6～9	120	25	30
		宁陵县	废黄河	6～9	120	25	30
		柘城县	柘城纸厂	6～9	120	25	30
			废黄河	6～9	120	25	30
沱河	永城张桥	虞城县	三座楼闸	6～9	120	25	30
			虬龙沟	6～9	120	25	30
		夏邑县	金黄邓闸	6～9	120	25	30
		永城市	雪枫沟	6～9	120	25	30
浍河	永城黄口	永城市	白洋沟	6～9	120	25	30

表2 商丘市2005年各县、区（市）入河排污口COD及氨氮入河控制目标

河流	控制断面	县、区（市）入河排污口		允许废水入河量（万吨/年）	允许入河量（吨/年）	
					COD	氨氮
包河	永城马桥	梁园区	宁陈闸	1202.2	2740	451.9
			蔡河口	376.1	1650	200.0
		睢阳区	蔡河口	574.7	1530	97.2
		合计		2153	5320	749.1
大沙河	包公庙	民权县	民权干渠闸	235.3	730	164.7
		宁陵县	清水河	102.2	385	109.8
		睢阳区	古宋河	135.4	385	329.1
		合计		472.9	1500	603.6
惠济河	柘城砖桥	睢县	通惠渠	182.9	218	143.7
			利民河	361.8	1095	215.5
		宁陵县	废黄河	105.3	175	33.0
		柘城县	柘城纸厂	163	357	39.0
			废黄河	242.8	835	230.7
		合计		1055.8	2680	661.7
沱河	永城张桥	虞城县	三座楼闸	365.2	1114	466.5
			虬龙沟	57.1	100	110.5
		夏邑县	金黄邓闸	336.6	1080	551.0
		永城市	雪枫沟	737.4	1206	349.0
		合计		1496.3	3500	1477
浍河	永城黄口	永城市	白洋沟	583	1000	416.7
全市总计				5761	14000	3908.2

首先进行市辖包河、惠济河、大沙河、沱河、浍河5条河流的水质与污染物排放量控制，控制目标见2005年各控制断面水质目标（表1）与入河排污口COD及氨氮入河控制目标（表2）。

由表1可见，全市主要控制河流断面共16个，根据国家淮海流域“十五”规划的要求，沱河永城张桥断面水质目标按GHZB1—1999《地表水环境质量标准》执行IV类水质，其余断面水质目标要求按GB8978—1996《污水综合排放标准》。

执行城镇二级污水处理厂二级标准。五条省控责任目标河流污水主要污染物COD、氨氮入河量2005年控制情况见表2。

实现以上河流水质的达标排放，达到“碧水”这一近期生态建设目标，需要妥善处理城镇生活污水和工业废水。减少污染源排放的污水量，并降低其废水浓度。改革现在工业企业的生产工艺，尽量做到不用水或少用水，尽量不用或少用产生污染的原料、设备及生产工艺。重复利用水，尽量采用重复利用水及循环用水系统，使废水排放量减至最低。根据不同生产工艺对水质的不同要求，可将甲工段排的废水运往乙工段使用，实现一水二用或一水多用。回收有用产品，尽量使流失至废水中原料、成品与水分离，就地回收，这样既可减少生产成本，增加经济效益，又可大大降低废水浓度，减轻污水处理负担。对于特殊性质的工业废水，应在工厂内或车间内就地进行局部处理。对于与生活污水相近的工业废水或经局部处理后不致对城镇地下水道及生活污水的生物处理过程产生危害的工业废水，应该优先考虑排入城镇地下水道与生活污水在污水处理厂共同处理。

对生活污水的治理主要是通过地下管道将其运往污水处理厂，部分经生物氧化塘处理。经处理后的部分工业污水和生活污水要符合国家农业灌溉标准，将其用于农业灌溉，以充分利用水资源。提高公众水资源忧患意识，节约用水，合理开发水资源。控制工业及城镇污水排放和农村化肥使用量，控制水污染。

随着商丘市污水处理厂建设项目的完成，可以对商丘市区大部分生活用水和工业废水进行处理，使出厂水质达到国家二级排放标准。另外，扩建中的永城市污水处理厂以及拟建的柘城、虞城、夏邑三县污水处理厂对于改变商丘市水污染严重的现状会起到积极作用。

2）水源保护

由于商丘地区地表水呈现季节性特点，用水多取自地下，随着工业用水，农业用水以及生活用水的增加，对地下水的开采量越来越大，造成不少地区的地下水位明显下降。为了防止地面沉降、地表土质恶化等严重后果，加强对地下水资源的管理，严格控制地下水超采、滥采。

增强水库蓄水能力，充分利用雨水，增加雨水的贮存。对现状中黄河故道沿线几大水库（如林七水库、吴屯水库等）实行战略性保护措施，植树造林涵养水源。

通过以上措施，可以降低对地下水资源的过度开采，实现地下水抽取与补给间的平衡。

8.规划建设小城镇工业区——全面控制环境污染

主要是遏制目前乡镇企业“遍地开花”造成污染由点及面，破坏农村自然生态环境的趋势。商丘市属农业区，当地乡镇企业主要依托农产品作原料，以造纸业、饮料制造业、酿造业、制革业等重污染行业为主，废水排放量大、污染物浓度高，且许多乡镇企业在选址上存在位于城乡居民点的上风向、上水位以及多数村级以下工厂混杂于农村居民点之间的问题，造成住区环境恶化、危害耕地和污染水源。

通过降低乡镇企业镇区准入门槛，加强小城镇工业园区的规划和建设，吸引乡镇企业到城镇落户，既避免了城镇发展过程当中“空壳镇”的出现，又便于乡镇企业环境污染的集中处理排放和监督管理，在一定程度上降低了污染治理成本，经济效益和生态效益双赢。

9.绿色通道建设

城镇绿化的总体目标是通过绿化构建一个更生态化、人性化、艺术化和特色化的城镇人居环境。绿化的任务主要是改善生态环境、营造城市景观（包括自然和人文两个方面）和提供休息、交往、避灾等功能性的场所。可以说，绿化不仅是城市必不可少的有机成分，而且是城市的生命线。

城镇绿化覆盖率至少达到30%才能起到改良气候的作用，因此近期生态建设目标是林木覆盖率达到25%，小城镇绿化覆盖率提高到35%，建设用地平衡的城镇绿地应占城镇建设用地的8%～15%，人均公共绿地达到$9m^2$以上。

以陇海铁路、310国道、霍连高速公路、105国道、311国道、郑宿公路、民荷公路、虞单亳公路、商鹿公路、夏亳公路等交通网络为骨架，建设商丘市绿色廊道。在公路、铁路两侧广种树木，使交通要道做到“浓荫夹道”，一方面可以起到降低交通噪声的作用，同时还可以减少风沙。

境内惠济河、大沙河、沱河、涡河等河流及其支流构成的水网又是商丘市绿色风景线的良好支架，加强沟渠的“林网化”建设，合理布置绿化树种，使其既发挥生态功能（如加固水坝、水体的净化功能等），又具有景观欣赏价值，全面提升商丘市城镇品味。城镇内河、湖等水体及铁路旁的防护林带宽度应不小于30m。

农桐（条）间作构成的农田林网，组分上在旱地农作物中引入多年生植物泡桐等，在传统的小麦、芝麻、红薯、豆类中又引进了玉米，扩大了棉花和豆类种植比例，使旱田接近生态位饱和。这种系统有利于控制病虫害，还可增加新产品、提高经济效益。总之，农林系统是一种多组分，时间、空间上配置合理，物种间互惠共生，有利于对光、水、热、土地资源的充分利用的生态系统，该系统组成的生态景观具有一定的特色，可以成为商丘市城镇生态建设的特色牌。

小城镇镇域内主要交通要道的绿化应当注意与以上绿色廊道的衔接，使之成为商丘市绿色风景线的重要组成部分，创建生态园林型城市和乡镇。城镇旧城区绿化要见缝插针，新城区则可以点、线、面相结合进行。

城镇村庄、工厂、机关、学校的四旁和院落都有一定的空闲地，发展四旁园林型生态经济型林业体系既可美化环境，又会增加收入。在村中可栽种国槐、银杏、毛白杨、垂柳、侧柏等，在庭院可栽植苹果、梨、枣、柿、葡萄等水果和花卉；在机关学校、厂矿可营造高品味的花卉、树木、草坪，同时配以亭台楼阁等；在有严重污染的工厂四旁，应以防污能力强的垂柳、侧柏、悬铃木、加杨等为主。

总之，通过近期10年左右时间的生态建设，彻底改变当地城镇生态环境恶化状况，使中心市区和重点小城镇生态环境优美，一般城镇环境质量有明显改善，水、空气、声环境质量全面提升。城镇布局合理、资源利用效率高、基础设施完善，空气清新、水质清澈、宁静舒适、绿树成荫、环境优美、环境质量与现代化水平相适应。

远期生态建设目标——生态特色小城镇塑造（2010～2020年）。

该时期随着商丘市经济发展步入快车道，城（市）镇居民收入的显著增加，随之会促进城镇品位的升华，生态建设的主题会由基本生态功能的完善向城镇综合功能的发展转变。依据城镇的生态基础和环境要素，结合城镇经济布局特色，远期生态建设目标是建设特色小城镇，达到生态功能与城镇文化的和谐、统一。

1）黄河故道沿线小城镇——故道明珠生态旅游型城镇

商丘市境内北部地区黄河故道西起民权县、东至虞城县，全长134km，总面积约$1520km^2$，故道内林茂粮丰，鸟语花香，大面积的湿地、草滩，构成了典型的河谷自然景观，且为水生生物的生存、特种动物养殖及鸟类的栖息提供了良好的生态环境。黄河故道沿线遍布水库、湿（洼）地及申甘防护林带，是城市重要的生态基地，也是水源涵养地，适宜重点发展风景旅游，适度发展与生态环境保护、风景旅游无矛盾的产业。

故道周边自西向东分布有如下17个乡镇：民权县城关镇—胡集回族乡—林七乡—孙六乡—老颜集乡—王庄寨乡；梁园区孙福集乡—谢集镇—李庄—刘口乡；虞城县贾寨镇—八里堂乡—利民镇—田庙乡—刘集乡—乔集乡—张集镇。

随着河南省“黄河旅游带”的开发建设，以商丘古城为中心，围绕以上乡镇中的战略重点镇民权城关镇、张集镇、利民镇和谢集镇几个次中心，其他乡镇沿黄河故道发展纵轴组成黄河故道生态小城镇群。空间形态上呈串珠状，城镇发展模式为点—轴形式。结合自然景区的培育与城镇建设，可以使这部分城镇成为故道生态旅游明珠。

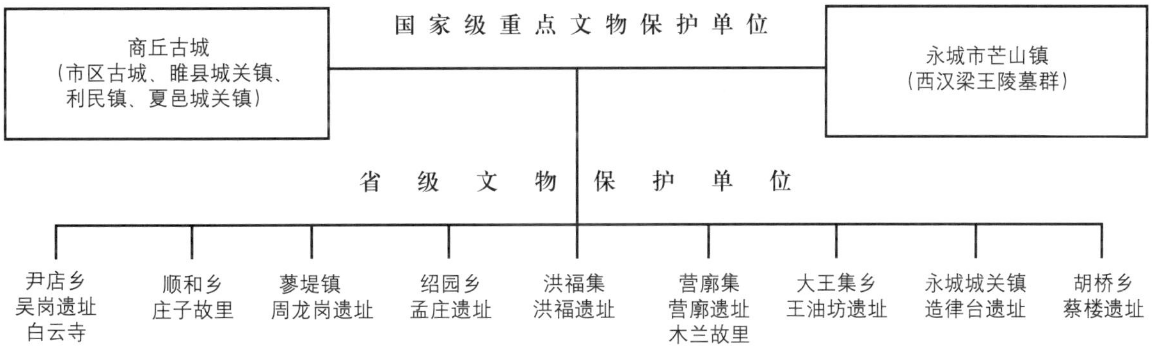

商丘市小城镇历史文物保护单位分布现状

2）历史重镇——精心呵护古城风韵

商丘市众多的历史文物保护景点散布于十几个小城镇，造就了独特的城镇景观和文化氛围。其中商丘古城和芒山镇因保存完好和考古价值极高成为商丘历史名城（镇），也是历史重镇体系的中心城（镇）。

文化是城镇发展的灵魂和生命，文化功能的发挥决定着城镇品位与内在价值，也是增强城镇凝聚力、竞争力、吸引力的基础。城镇中所有的广场、小品、建筑、街道都是城镇形象的重要组成因子，它们的新建与改造必须与城镇的历史文化传统、地理环境、当代文明组成有机协调的整体。城镇的魅力在于它的特色。城镇的特色是历史文化、民族文化和地域环境特性的反映。

历史重镇建设过程中要绝对避免在历史文化载体的民居、民街、民巷密集的区域大拆大建，使不能再生的传统历史风貌、历史街区和历史遗产遭受严重破坏，使城镇失去了自己的历史价值和特色，造成无可挽回的损失。

3）田园型小城镇——平原人居新模式

城镇外围以农产品基地为主体、城乡景观一体化程度高是目前商丘市小城镇景观的普遍写照，这些乡镇包括商丘市西部三县、中部地区的柘城县下辖大部分小城镇，以及东部虞城县、夏邑县和永城市下辖少量乡镇。基于民权、宁陵、睢县三县小城镇密集度高，可在现有的种植基础上，发展酥梨—苹果—银杏林景观区。以宁陵县城关镇为中心，柳河镇、乔楼乡、逻岗镇、睢县周堂镇以及民权县龙塘镇为卫星城镇组成环形结构。城镇发展模式为点—面辐射形式。东部田园小城镇带包括：虞城县张集镇—大杨集镇—镇里堌乡—夏邑县杨集镇—骆集乡。

田园型小城镇的生态建设，重在将城镇外围的梨园、苹果园和银杏林以及农田等观赏景观巧妙融入城镇景观之中，形成人与自然和谐共处的居住环境。该类平原乡镇建筑群布局可紧凑整齐，在建筑群的景观布置上，高低搭配，有机结合，广场、道路，绿化，建筑小品合理配置，使城镇具有丰富的轮廓和开敞的空间，同时推广生态工程（如沼气、农桐间作等），形成生产、生活当中的代谢产物的良性生态循环，对于田园型小城镇自然环境的美化至关重要。

4）清洁能源小城镇——新能源示范

力争到2010～2020年城镇能源消费结构得到进一步优化，开发清洁能源并提高其在能源结构中的比重。以下能源工程是商丘市建设清洁能源小城镇的根本保障：

（1）燃气工程和供热工程

商丘市燃气工程是以中原油田天然气为主要气源的集中供气工程。该工程计划在2010年供气11万户，使全市气化率达到70%以上。商丘市区将取消市区燃煤锅炉，从而有效减少市区空气污染。

商丘市丰源热电厂和第一热电厂工程竣工后，市区大部分小锅炉将停止使用，实现城区集中供热。

（2）沼气工程及其他可再生能源工程

在中心城区、县城以外的部分城镇大力推广城镇有机污水沼气净化技术，有效地处理城镇生活污水，促进城镇环保建设和卫生创建工作。

结合西部生态产业区的建设，民权县、柘城县、宁陵县和睢县可大力开发利用清洁无污染的新能源和可再生能源，主要是围绕沼气工程，引入其他可再生能源协同供能（如太阳能、地热等），并将此工程与发展生态农业、生态示范区建设、生态农业县建设、生态村建设、小城镇建设等紧密结合，切实搞好综合利用，扩大规模效益，所产沼气廉价提供给周边企业和居民生产和生活用能需要，充分发挥农村能源技术在城乡环保生态建设中的重要作用。

（3）都市休闲型小城镇——高新技术区

随着商丘城区人口密度和生活节奏的加快，加上大城市生活的紧张与压抑，使得市区居民在工作之余渴望到大自然中放松自我，市区周边城镇相应就会成为休闲娱乐的载体。梁园区和睢阳区的大部分乡镇将融入商丘市区，成为商丘都市生活的组成部分。

重点打造餐饮业、娱乐业以及环保型高科技产业（如设施农业，轻型加工业）可以增加都市休闲型小城镇的吸引力。

3.22.7 政策建议

生态建设要体现地方特色，特色就是优势，特色就是形象，特色就是知名度。在小城镇建设中，要根据城镇的规模、性质和功能，因地制宜，从规划设计、建设管理到形成产业都要充分体现地方特色。

扩大全国生态示范县和省级、市级生态示范县范围，同时建设生态示范村镇；恢复建设湿地、人工生态林，建设河岸林带、道路林带、平原地区农田防护林网、河沟渠坡面植被化，防止水土流失。

积极推行清洁生产，倡导清洁消费，发展清洁交通。改进技术和管理，调整产品结构，尽可能做到生产无污染或减少污染。利用城镇生活排泄物生产农用有机肥，实现垃圾分类回收利用，大力提高资源综合利用和循环旅游业水平。城镇交通系统主要使用清洁能源的出租车、公共汽车、电车、地铁和自行车组成，使各种交通工具相互配合，在不同的距离和范围内发挥各自的作用。

贯彻执行中央“一控双达标”的战略决策，结合经济结构调整和压缩过剩的生产能力，取缔、关停污染严重的小煤矿、小水泥、小火电，不仅促进了经济结构的调整，也大大改善了环境质量。

对环境的使用，产权一直没有界定。在这种情况下，市场不能履行配置功能，导致生产结构被歪曲（意味着环境的过度使用和有利于高污染部门的部门结构歪曲）。环境退化的原因在于经济运作本身，特别是政府政策在经济上的扭曲（错误的管理方式）。环境问题的解决需要通过纠正经济扭曲以及提高保护资源而减少污染源的刺激手段。

另一个实现对环境质量公平限制的可供选择办法是区域间的专门化，诸如把高污染活动集中在一定区域的“热点政策”（hot-spot policy）。这种空间分类的办法在很大程度上依赖作为一种环境质量管理工具的土地使用规划，这样一来，使得污染较轻的区域受到更好的保护，同时，把“公害”（public bad）集中到指定的区域。